石油化工安装工程技能操作人员技术问答丛书

仪表安装工

丛 书 主 编　吴忠宪
本 册 主 编　张宝杰
本册执行主编　杨新和

中国石化出版社

图书在版编目（CIP）数据

仪表安装工/张宝杰主编．—北京：中国石化出版社，
2018.7（2023.2重印）
（石油化工安装工程技能操作人员技术问答丛书／
吴忠宪主编）
ISBN 978－7－5114－4789－0

Ⅰ.①仪… Ⅱ.①张… Ⅲ.①石油化工-化工仪表-
安装-基本知识 Ⅳ.①TE967

中国版本图书馆 CIP 数据核字（2018）第 162362 号

中国石化出版社出版发行
地址：北京市朝阳区吉市口路9号
邮编：100020　电话：(010)59964500
发行部电话：(010)59964526
http://www.sinopec-press.com
E-mail：press@sinopec.com
北京富泰印刷有限责任公司印刷
全国各地新华书店经销
*
880×1230 毫米 32 开本 11.375 印张 240 千字
2018 年 8 月第 1 版　2023 年 2 月第 2 次印刷
定价：45.00 元

序 一

　　《石油化工安装工程技能操作人员技术问答丛书》（以下简称《丛书》）就要正式出版了，这是继《设计常见问题手册》出版后炼化工程在"三基"工作方面完成的又一项重要工作。

　　《丛书》图文并茂，采用问答的形式对工程建设过程的工序和技术要求进行了诠释，充分体现了实用性、准确性和先进性的结合，对安装工程技能操作人员学习掌握基础理论、增强安全质量意识、提高操作技能、解决实际问题、全面提高施工安装的水平和工程建设降本增效一定会发挥重要的作用。

　　我相信，这套《丛书》一定会成为行业培训的优秀教材并运用到工程建设的实践，同时得到广大读者的认可和喜爱。在《丛书》出版之际，谨向《丛书》作者和专家同志们表示衷心的感谢！

中国石油化工集团公司副总经理

中石化炼化工程（集团）股份有限公司董事长

2018 年 5 月 16 日

序 二

　　近年来，随着石油化工行业的高速发展，工程建设的项目管理理念、方法日趋完善；装备机械化、管理信息化程度快速提升；新工艺、新技术、新材料不断得到应用，为工程建设的安全、质量和降本增效提供了保障。基于石油化工安装工程是一个劳动密集型行业，劳动力资源正处在向社会化过渡阶段，工程建设行业面临系统内的员工教培体系弱化，社会培训体系尚未完全建立，急需解决普及、持续提高参与工程建设者的基础知识、基本技能的问题。为此，我们组织编制了《石油化工安装工程技能操作人员技术问答丛书》（以下简称《丛书》），旨在满足行业内初、中级工系统学习和提高操作技能的需求。

　　《丛书》包括专业施工操作技能和施工技术质量两个方面的内容，将如何解决施工过程中出现的"低老坏"质量问题作为重点。操作技能方面内容编制组织技师群体参与，技术质量方面内容主要由技术质量人员完成，涵盖最新技术规范规程、标准图集、施工手册的相关要求。

　　《丛书》从策划到出版，近两年的时间，百余位有着较深理论水平和现场丰富经验的专家做出了极大努力，查阅大量资料，克服各种困难，伏案整理写作，反复修改文稿，终成这套《丛书》，集公司专家最佳工作实践之大成。通过《丛书》的使用提高技能，更好地完成工作，是对他们最好的感谢。

　　在《丛书》出版之际，我代表编委会向参编的各位专家、向所有为《丛书》提供相关资料和支持的单位和同志们表示衷心的感谢！

中石化炼化工程（集团）股份有限公司副总经理
《丛书》编委会主任

2018 年 5 月 16 日

前　　言

石油化工生产过程具有"高温高压、易燃易爆、有毒有害"的特点，要实现"安、稳、长、满、优"运行，确保安装工程的施工质量是重要前提。"施工的质量就是用户的安全"应成为石油化工安装工程遵循的基本理念。

"工欲善其事，必先利其器"。要提高石油化工安装工程质量，首先要提高安装工程技能操作人员队伍的素质。当前，面临分包工程比重日益上升的现状，为数众多的初、中级工的培训迫在眉睫，而国内现有出版的石油化工安装工人培训书籍或者侧重于理论知识，或者侧重于技师等较高技能工人群体，尚未见到系统性的、主要针对初、中级工的专业培训书籍。为此，中石化炼化工程（集团）股份有限公司策划和组织专家编写了《石油化工安装工程技能操作人员技术问答丛书》，希望通过本丛书的学习和应用，能推动石油化工安装技能操作人员素质的提升，从而提高施工质量和效率，降低安全风险和成本，造福于海内外石油化工施工企业、石化用户和社会。

丛书遵循与现行国家标准规范协调一致、实用、先进的原则，以施工现场的经验为基础，突出实际操作技能，适当结合理论知识的学习，采用技术问答的形式，将施工现场的"低老坏"质量问题如何解决作为重点内容，同时提出专业施工的 HSSE 要求，适用于石油化工安装工程技能操作人员，尤其是初、中级工学习使用，也可作为施工技术人员进行技术培训所用。

丛书分为九卷，涵盖了石油化工安装工程管工、金属结构制作工、电焊工、钳工、电气安装工、仪表安装工、起重工、油漆工、保温工等九个主要工种。每个工种的内容根据各自工种特点，均包括以下四个部分：

第一篇，基础知识。包括专业术语、识图、工机具等概念，强调该工种应掌握的基础知识。

第二篇，基本技能。按专业施工工序及作业类型展开，强调该工种实际的工作操作要点。

第三篇，质量控制。尽量采用图文并茂形式，列举该工种常见的质量问题，强调问题的状况描述、成因分析和整改措施。

第四篇，安全知识。强调专业施工安全要求及与该工种相关的通用安全要求。

《石油化工安装工程技能操作人员技术问答丛书》由中石化炼化工程（集团）股份有限公司牵头组织，《管工》和《金属结构制作工》由中石化宁波工程有限公司编写，《电气安装工》由中石化南京工程有限公司编写，《仪表安装工》《保温工》和《油漆工》由中石化第四建设有限公司编写，《钳工》由中石化第五建设有限公司编写，《起重工》和《电焊工》由中石化第十建设有限公司编写，中国石化出版社对本丛书的编辑和出版工作给予了大力支持和指导，在此谨表谢意。

石油化工安装工程涉及面广，技术性强，由于我们水平和经验有限，书中难免存在疏漏和不妥之处，热忱希望广大读者提出宝贵意见。

丛书主编 吴忠亮

2018 年 5 月 16 日

刘小平　中石化宁波工程有限公司 高级工程师

李永红　中石化宁波工程有限公司副总工程师兼技术部主任 教授级高级工程师

宋纯民　中石化第十建设有限公司技术质量部副部长 高级工程师

肖珍平　中石化宁波工程有限公司副总经理 教授级高级工程师

张永明　中石化第五建设有限公司技术部副主任 高级工程师

张宝杰　中石化第四建设有限公司副总经理 教授级高级工程师

杨新和　中石化第四建设有限公司技术部副主任 高级工程师

赵喜平　中石化第十建设有限公司副总工程师兼技术质量部部长 教授级高级工程师

南亚林　中石化第五建设有限公司总工程师 高级工程师

高宏岩　中石化炼化工程（集团）股份有限公司高级工程师

董克学　中石化第十建设有限公司副总经理 教授级高级工程师

《石油化工安装工程技能操作人员技术问答丛书》

主　　编：吴忠宪　中石化第十建设有限公司党委书记兼副总
经理 教授级高级工程师

副　主　编：刘小平　中石化宁波工程有限公司 高级工程师
孙桂宏　中石化南京工程有限公司技术部副主任 高
级工程师
杨新和　中石化第四建设有限公司技术部副主任 高
级工程师
王永红　中石化第五建设有限公司技术部主任 高级
工程师
赵喜平　中石化第十建设有限公司副总工程师兼技
术质量部部长 教授级高级工程师
高宏岩　中石化炼化工程（集团）股份有限公司
高级工程师

《仪表安装工》分册编写组

主　　编：张宝杰　中石化第四建设有限公司副总经理 教授级
　　　　　　　　　高级工程师

执 行 主 编：杨新和　中石化第四建设有限公司技术部副主任 高
　　　　　　　　　级工程师

副 主 编：赵　勇　中石化第四建设有限公司电仪公司总工程
　　　　　　　　　师 高级工程师

编　　委：孙志芬　中石化第四建设有限公司 高级工程师
　　　　　　李　勇　中石化第四建设有限公司 工程师
　　　　　　张志超　中石化第四建设有限公司 工程师
　　　　　　任智强　中石化第四建设有限公司 工程师
　　　　　　张文娟　中石化第四建设有限公司 工程师
　　　　　　王　薇　中石化第四建设有限公司 工程师

目　录

第一篇　基础知识

第二篇 基本技能

第三篇　质量控制

第四篇　安全知识

第一篇　基础知识

第一章　专业术语

1. 什么是自动化仪表？

自动化仪表是由自动化元件组成的对被测变量和被控变量进行测量和控制的仪表装置和仪表系统的总称。

2. 什么是现场仪表？

现场仪表是指安装在现场控制室外、生产设施附近的仪表。

3. 什么是检测仪表、显示仪表和控制仪表？

检测仪表是用以确定被测变量的量值或量的特性、状态的仪表。显示仪表是指能显示被测量数值的仪表。控制仪表是用以对被控变量进行控制的仪表。

4. 什么是传感器和变送器？

传感器是一种检测装置，能将检测到的信息作为输入变量，并按一定规律将其转换为同种或异种性质输出变量的装置。变送器就是把传感器的输出信号转变成可被控制器识别的信号的转换器。传感器和变送器一同构成自动监控的监测信号源。

5. 什么是转换器和执行器？

转换器是接受一种形式的信号并按一定规律转换为另一种信号形式输出的装置。执行器是在控制系统中通过其机构动作直接改变被控变量的装置。

6. 什么是检测元件和取源部件？

检测元件是测量链中的一次元件，它将输入变量转换成宜于测量的信号。取源部件是在被测对象上为安装检测仪表所设置的专用管件、引出口和连接阀门等元件。

7. 什么是检测点？

检测点是对被测变量进行检测的具体位置，即检测元件和取源部件的安装位置。

8. 什么是控制系统？

控制系统是通过操纵系统中若干变量以达到既定状态的系统。仪表控制系统由仪表设备装置、仪表管线、仪表动力和辅助设施等硬件以及相关软件所构成。

9. 什么是综合控制系统？

综合控制系统是采用数字技术、计算机技术和网络通信技术，具有综合控制功能的仪表控制系统。

10. 什么是仪表管道和测量管道？

仪表管道是用于连接取源部件和测量元件之间的管道，以及操控仪表元件的压力介质(空气、液压油等)输送的管道。测量管道是从检测点向仪表传送被测物料或通过中间介质传递测量信号的管道。

11. 什么是仪表线路？

仪表线路是仪表电线、电缆、补偿导线、光缆和电缆桥架、电缆导管等附件的总称。

12. 什么是本质安全电路？

本质安全电路是在规定的条件下，包括正常工作和规定的故障条件下，产生的任何电火花和任何热效应均不能点燃规定的爆炸性气体环境的电路。

13. 什么是关联设备？

关联设备是内装能量限制电路和非能量限制电路，且在结构上使非能量限制电路不能对能量限制电路产生不利影响的电气设备。

14. 什么是防爆电气设备？

防爆电气设备是在规定的爆炸性气体环境中可安全使用的电气设备。

15. 什么是危险区域？

危险区域是爆炸性环境和火灾环境大量出现或预期可能大量出现，以致要求对电气设备的结构、安装和使用采取专门措施的区域。

16. 什么是回路？

回路是在控制系统中，一个或多个相关仪表与功能的组合。

17. 什么是分散型控制系统？

分散型控制系统是一种控制功能分散、操作显示集中、采用分级结构的智能站网络。其目的在于控制或控制管理一个工业生产过程或工厂。

18. 什么是可编程序控制器？

可编程序控制器是一种电子控制器，其功能可以作为一个程序保存在控制单元中。控制器的组态和布线与控制器系统功能无关。

19. 什么是安全仪表系统？

安全仪表系统是用于实现一个或几个安全仪表功能的仪表系统。安全仪表系统由传感器、逻辑运算器、最终元件以及相关软件组成。

20. 什么是共享控制?

控制设备或功能的一种特征,含有预先设置的算法程序,这些算法可检索、可配置、可连接,允许用户自定义控制策略和功能。经常被用来描述 DCS、PLC 或基于其他微处理器的系统的控制特征。

21. 什么是共享显示?

操作员接口装置,可能是屏幕、发光二极管、液晶或其他显示单元。用于根据操作员指令显示来自若干信息源的过程控制信息。经常被用来描述 DCS、PLC 或基于其他微处理器的系统的显示特征。

22. 什么是单台仪表设备(或功能)?

指以硬件为基础,可与其他仪表设备或系统相连接或不连接的独立仪表设备或功能,包括但不限于现场指示仪表、变送器、开关、继电器、控制器以及控制阀。

23. 什么是软件?

与数据处理系统的操作有关的计算机程序、过程、规则以及有关的文件集的总称。

第二章　识图

1. 仪表功能标志的构成是什么？

仪表功能标志由首位字母（回路标志字母）和后继字母（功能字母、功能修饰字母）构成。仪表功能标志应使用一个读出功能或一个输出功能去标识回路中的每个设备或功能。"首位字母"可以仅为一个被测变量/引发变量字母，也可以是一个被测变量/引发变量字母附带修饰字母。功能修饰字母对被测变量/引发变量会引发的动作或功能（读出功能/输出功能）的含义进行说明。

2. 字母代号的一般规定是什么？

仪表功能标志用大写英文字母表示，字母数一般不超过4个，由表示被测变量或引发变量的首字母和表示仪表读出或输出功能的后继字母组成。首字母可带一个修饰字母，当首字母带修饰字母时，原被测变量就变成新变量，如在首字母 P、T 后加 D，变成 PD、TD，则原被测变量压力、温度就变成压差、温差。后继字母一般情况下不再附加修饰字母。

3. 首字母代表的含义是什么？

首字母应与被测变量对应，而不是与仪表的结构或被处理变量对应。即仪表功能标志只能表示仪表的功能，不能表示仪表的结构。如被测变量为流量时，差压式记录仪应标注 FR，而不是PDR，控制阀应标注 FV；当被测变量为压差时，差压式记录仪应标注 PDR，控制阀应标注 PDV。

4. 仪表功能标志字母有哪些?

仪表功能标志字母见表 1-2-1。

表 1-2-1　仪表功能标志字母表

代号	首位字母		后继字母		
	第1列	第2列	第3列	第4列	第5列
	被测变量或引发变量	修饰词	读出功能	输出功能	修饰词
A	分析		报警		
B	烧嘴、火焰		供选用	供选用	供选用
C	电导率			控制	关位
D	密度	差			偏差
E	电压(电动势)		检测元件、一次元件		
F	流量	比率			
G	可燃气体和有毒气体		视镜、观察		
H	手动				高
I	电流		指示		
J	功率		扫描		
K	时间、时间程序	变化速率		操作器	
L	物位		灯		低
M	水分或湿度				中、中间
N	供选用		供选用	供选用	供选用
O	供选用		孔板、限制		
P	压力		连接或测试点		
Q	数量	积算、累积			

续表

代号	首位字母		后继字母		
	第1列	第2列	第3列	第4列	第5列
	被测变量或引发变量	修饰词	读出功能	输出功能	修饰词
R	核辐射		记录		运行
S	速度、频率	安全		开关	停止
T	温度			传送（变送）	
U	多变量		多功能	多功能	
V	振动、机械监视			阀/风门/百叶窗	
W	重量、力		套管、取样器		
X	未分类	X轴	附属设备、未分类	未分类	未分类
Y	事件、状态	Y轴		辅助设备	
Z	位置、尺寸	Z轴		驱动器、执行元件、未分类的最终控制元件	

5. 仪表功能标志字母的排列顺序是什么？

仪表功能标志字母按照表1-2-1中第1列至第5列的排列顺序排列。

6. 仪表功能标志的常用组合字母是什么？

仪表功能标志的常用组合字母见表1-2-2。

表1-2-2　仪表功能标志常用组合字母表

常用字母及组合的含义、举例		
E 检测元件，如 TE 温度检测元件	P 检测点，如 TP 温度检测点	
T 变送器，如 PDT 差压变送器	W 套管或探头，如 AW、BW、LW、MW、RW、TW	
I 指示，如 PIA 压力指示报警、TIC 温度指示控制	G 视镜、就地指示，如 TG 温度计、PG 压力表、LG 玻璃板液位计	
R 记录，如 TRA 温度记录报警、FRA 流量记录报警	AH(L) 高(低)位报警，如 PIAHL 压力指示高低位报警	
C 控制器　如：FC 流量控制器	SHL 高低位开关，如 FSHL、FFSHL、PSHL、PDSHL、TSHL、TDSHL	
CV 自力式控制，如 FCV、LCV、PCV、PDCV、TCV	Y 继动器、计算器，如 FY、FFY、FQY、LY、PY、PDY、SY、TY	
V/Z 控制阀、执行元件，如 TV、FFV、FQV、QZ	TJRA 温度扫描记录报警	FQIC 流量累积指示控制
FO 限流孔板	HC 手动控制	KQJ 时间或时间程序指示	LCT 液位控制变送
LLH 液位指示灯	PFI 压缩比指示	FIK 带流量指示的自动-手动操作	HMS 手动瞬动开关

7. 仪表回路号的组成是什么？

仪表回路号至少由回路的标志字母和数字编号两部分组成。前缀、后缀和间隔符应根据需要选择使用。

8. 仪表回路号的表示形式是什么？

(1)以温度回路号为例，典型的被测变量/引发变量回路号示例见表1-2-3：

表1-2-3　典型的被测变量/引发变量回路示例(10-T-*01A)

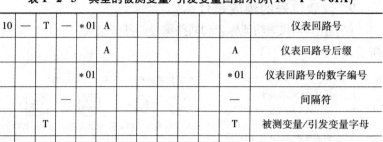

10	—	T	—	*01	A					仪表回路号
					A				A	仪表回路号后缀
				*01					*01	仪表回路号的数字编号
			—						—	间隔符
		T							T	被测变量/引发变量字母
	—								—	间隔符
10									10	仪表回路号前缀

　　注：*号为数字0-9或多位数字的组合，根据工艺设计单元中仪表回路数量确定。

　　(2)以温差回路号为例，典型的被测变量/引发变量附带修饰词回路号示例见表1-2-4：

表1-2-4　典型的被测变量/引发变量附带修饰词回路示例(AB-TD-*01A)

AB	—	T	D	—	*01	A			仪表回路号
						A		A	仪表回路号后缀
					*01			*01	仪表回路号的数字编号
				—				—	间隔符
			D					D	变量修饰字母
		T						T	被测变量/引发变量字母
		T	D					TD	被测变量/引发变量 字母附带修饰字母
	—							—	间隔符
AB								AB	仪表回路号前缀

　　注：*号为数字0-9或多位数字的组合。

9. 仪表位号的组成是什么?

仪表位号由仪表功能标志和回路编号两部分组成,如图 1-2-1 所示。

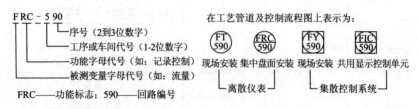

图 1-2-1 仪表位号的组成

10. 仪表位号的分类与编号是什么?

仪表位号按不同的被测变量进行分类,同一装置(或工序)的相同被测变量的仪表位号中的顺序号应连续,中间允许有空号;不同被测变量的仪表位号不能连续编号。如果同一仪表回路中有两个以上功能相同的仪表,可用仪表位号尾缀大写英文字母的方法加以区别。如 FT-201A、FT-201B,表示同一回路中的两台流量变送器,FV-304A 和 FV-304B 表示同一回路中的两台控制阀。当属于不同工序的多个检测元件共用一台显示仪表时,显示仪表位号在回路编号中不表示工序号,只编制顺序号;检测元件的位号是在共用显示仪表编号后加后缀。如多点温度指示仪的位号为 TI-1,其检测元件的位号为 TE-1-1、TE-1-2……等。

11. 仪表位号的表示形式是什么?

仪表位号通过在仪表回路号的标志字母后增加变量修饰字母和增加后继字母形成。后缀和间隔符根据需要选择使用,典型的仪表位号示例见表 1-2-5。

表 1-2-5　典型的仪表位号示例(10 – TDAL – *01A –1A1)

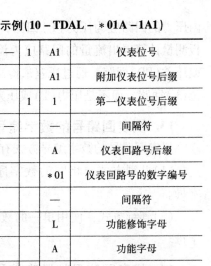

10	—	T	D	A	L	—	*01	A	—	1	A1		说明
10	—	T	D	A	L	—	*01	A	—	1	A1		仪表位号
											A1	A1	附加仪表位号后缀
										1		1	第一仪表位号后缀
									—			—	间隔符
								A				A	仪表回路号后缀
							*01					*01	仪表回路号的数字编号
						—						—	间隔符
					L							L	功能修饰字母
				A								A	功能字母
				A	L							AL	后继字母
			D									D	变量修饰字母
		T										T	被测变量/引发变量字母
		T	D	A	L							TDAL	仪表功能标志字母
	—											—	间隔符
10												10	仪表回路号前缀

注：*号为 0~9 的数字或多位数字的组合。

12. 仪表回路号的标志字母应符合哪些要求?

(1)标志字母可以仅为一个被测变量/引发变量字母，如：分析(A)、流量(F)、物位(L)、压力(P)、温度(T)等，也可以是一个被测变量/引发变量字母附带修饰字母(仅当修饰字母适用时)，如：分析(A)、物位(L)、累计流量(FQ)、压力(P)、压差(PD)、温度(T)、温差(TD)等。

(2)标志字母的选择应与被测变量或引发变量相应，不应与被处理的变量相应。如通过操作进出容器的气体流量来控制容器内压力的回路应为压力（P）回路，而不是流量（F）回路；通过孔板测量计算得出流量的回路应为流量（F）回路，而不是压力（P）或压差（PD）回路；通过压差来检测容器内流体界面的回路应为物位（L）回路，而不是压力（P）或压差（PD）回路。

13. 仪表回路号的数字编号方式有哪两种？

仪表回路号的数字编号方式有并列方式和连续方式两种。

（1）并列方式：相同的数字序列编号用于每一种回路标志字母。

（2）连续方式：使用单一的数字序列编号而不考虑回路标志字母。

14. 仪表回路号的数字编号有哪些要求？

（1）仪表回路号的数字编号宜大于等于3位数字，如 – *01， – *001， – *0001 等，其中 * 可以是0到9的任何数字，也可以是与单元号、图纸号或设备号等相关的数字代码。

（2）*00，*000，*0000 等数字编号仅用于特殊、重大、关键的回路，000，0000，00000 等数字编号不宜被使用。

15. 仪表回路号的编制方式有哪些？

仪表回路号的编制方式宜符合下列编制方式的一种：

（1）回路标志字母仅为一个被测变量/引发变量字母，数字编号采用并列方式。

（2）回路标志字母为一个被测变量/引发变量字母附带修饰字母（仅当修饰字母适用时），数字编号采用并列方式。

（3）回路标志字母仅为一个被测变量/引发变量字母，数字编号采用连续方式。

（4）回路标志字母为一个被测变量/引发变量字母附带修饰字母（仅当修饰字母适用时），数字编号采用连续方式。

16. 仪表回路号的前缀有哪些要求？

仪表回路号的前缀可以是数字或字母或数字和字母的任意组合，放置在回路标志字母前去标志回路所在位置，如联合体、工艺装置或单元。例如位于#1 工艺装置的一个流量回路，可以表示为 001F－001 或 PP1－F－001。

17. 仪表回路号和仪表位号的后缀有哪些要求？

仪表回路号的后缀可以是字母或数字，应添加在仪表回路号的后面。仪表位号的后缀用于指明两个及以上类似的仪表设备或功能。当出现两个及两个以上类似的仪表设备或功能又有重复的情况时，宜添加附加后缀。仪表回路号和仪表位号的后缀示例见表 1－2－6。

表 1－2－6　仪表回路号和仪表位号的后缀示例

仪表回路号后缀(黑体部分)			仪表位号后缀(带下划线部分)	
后缀形式	位于回路数字编号后	位于回路标志字母后③	情况1：不同的用途②	
			两个仪表设备 (对应不同的回路后缀形式) 仪表位号后缀－数字形式	四个仪表设备 (对应不同的回路后缀形式) 仪表位号后缀和附加后缀
无	F*①01		FV*01-<u>1</u> FV*01-<u>2</u>	FV*01-<u>1</u>A FV*01-<u>1</u>B FV*01-<u>2</u>A FV*01-<u>2</u>B

续表

仪表回路号后缀(黑体部分)			仪表位号后缀(带下划线部分)			
			情况1：不同的用途			
后缀形式	位于回路数字编号后	位于回路标志字母后	两个仪表设备(对应不同的回路后缀形式)		四个仪表设备(对应不同的回路后缀形式)	
			仪表位号后缀-字母形式		仪表位号后缀和附加后缀	
字母形式	F*01A	F-A-*01	FV*01A-1	FV-A-*01-1	FV*01A-1A	FV-A-*01-1A
					FV*01A-1B	FV-A-*01-1B
			FV*01A-2	FV-A-*01-2	FV*01A-2A	FV-A-*01-2A
					FV*01A-2B	FV-A-*01-2B
	F*01B	F-B-*01	FV*01B-1	FV-B-*01-1	FV*01B-1A	FV-B-*01-1A
					FV*01B-1B	FV-B-*01-1B
			FV*01B-2	FV-B-*01-2	FV*01B-2A	FV-B-*01-2A
					FV*01B-2B	FV-B-*01-2B
数字形式	F*01-1	F-1-*01	FV*01-1-1	FV-1-*01-1	FV*01-1-1A	FV-1-*01-1A
					FV*01-1-1B	FV-1-*01-1B
			FV*01-1-2	FV-1-*01-2	FV*01-1-2A	FV-1-*01-2A
					FV*01-1-2B	FV-1-*01-2B
	F*01-2	F-2-*01	FV*01-2-1	FV-2-*01-1	FV*01-2-1A	FV-2-*01-1A
					FV*01-2-1B	FV-2-*01-1B
			FV*01-2-2	FV-2-*01-2	FV*01-2-2A	FV-2-*01-2A
					FV*01-2-2B	FV-2-*01-2B

续表

仪表回路号后缀（黑体部分）			仪表位号后缀（带下划线部分）			
			情况2：相同的用途			
后缀形式	位于回路数字编号后	位于回路标志字母后	两个仪表设备（对应不同的回路后缀形式）		四个仪表设备（对应不同的回路后缀形式）	
			仪表位号后缀 - 字母形式		仪表位号后缀和附加后缀	
无	F*01		FV*01 - A		FV*01 - A1	
					FV*01 - A2	
			FV*01 - B		FV*01 - B1	
					FV*01 - B2	
字母形式	F*01A	F - A - *01	FV*01A - A	FV - A - *01 - A	FV*01A - A1	FV - A - *01 - A1
					FV*01A - A2	FV - A - *01 - A2
			FV*01A - B	FV - A - *01 - B	FV*01A - B1	FV - A - *01 - B1
					FV*01A - B2	FV - A - *01 - B2
	F*01B	F - B - *01	FV*01B - A	FV - B - *01 - A	FV*01B - A1	FV - B - *01 - A1
					FV*01B - A2	FV - B - *01 - A2
			FV*01B - B	FV - B - *01 - B	FV*01B - B1	FV - B - *01 - B1
					FV*01B - B2	FV - B - *01 - B2

续表

仪表回路号后缀(黑体部分)			仪表位号后缀(带下划线部分)			
			情况2：相同的用途			
后缀形式	位于回路数字编号后	位于回路标志字母后	两个仪表设备 (对应不同的回路后缀形式)		四个仪表设备 (对应不同的回路后缀形式)	
			仪表位号后缀－字母形式		仪表位号后缀和附加后缀	
数字形式	F*01-1	F-1-*01	FV*01-1-A	FV-1-*01-A	FV*01-1-A1	FV-1-*01-A1
					FV*01-1-A2	FV-1-*01-A2
			FV*01-1-B	FV-1-*01-B	FV*01-1-B1	FV-1-*01-B1
					FV*01-1-B2	FV-1-*01-B2
	F*01-2	F-2-*01	FV*01-2-A	FV-2-*01-A	FV*01-2-A1	FV-2-*01-A1
					FV*01-2-A2	FV-2-*01-A2
			FV*01-2-B	FV-2-*01-B	FV*01-2-B1	FV-2-*01-B1
					FV*01-2-B2	FV-2-*01-B2

① *号为0~9的数字或多位数字的组合。

②表中情况1和情况2的编号方式可以互换，也可以只使用其中一种方式。

③仅适用于业主或信息系统不允许将回路号后缀放置在回路数字编号后时。

18. 哪些位置宜使用隔离符？

(1)被测变量/引发变量字母与回路号数字部分之间，如：10F-001；

(2)字母形式的仪表回路号前缀与被测变量/引发变量字母之间，如：AB-F-001；

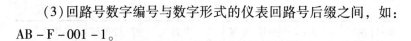

（3）回路号数字编号与数字形式的仪表回路号后缀之间，如：AB－F－001－1。

19. 仪表常用缩写字母有哪些？

仪表常用英文缩写字母见表1-2-7。

表1-2-7 仪表常用英文缩写字母表

序号	缩写	中文	序号	缩写	中文	序号	缩写	中文
1	A	模拟信号	13	DIFF	减	25	H	液压信号/高
2	AC	交流电	14	DIR	正作用	26	HH	高高
3	A/D	模拟/数字	15	E	电压信号	27	I	电流信号/联锁/积分
4	A/M	自动/手动	16	EMF	电磁流量计	28	IA	仪表空气
5	AND	"与"门	17	ESD	紧急停车	29	IFO	内藏孔板
6	AVG	平均	18	FFC	前馈控制方式	30	IN	输入/入口
7	BMS	燃烧管理系统	19	FFU	前馈单元	31	IP	仪表盘
8	BPCS	基本过程控制系统	20	FI	故障任意位置	32	L	低
9	CCS	压缩机控制系统/计算机控制系统	21	FC	故障关	33	L-COMP	滞后补偿
10	D	微分/数字	22	FL	故障时保位	34	LB	就地盘
11	D/A	数字/模拟	23	FO	故障开	35	LL	低低
12	DC	直流电	24	GC	气相色谱仪	36	MMS	机器监视系统

续表

序号	缩写	中文	序号	缩写	中文	序号	缩写	中文
37	M	电动执行机构/中	45	OR	"或"门	53	REV	反作用(反向)
38	MAX	最大	46	OUT	输出/出口	54	RTD	热电阻
39	MIN	最小	47	P	气动信号/比例控制方式/仪表盘/吹气或冲洗	55	S	电磁执行机构
40	NOR	正常/"或非"门	48	PCD	工艺控制图	56	SIS	安全仪表系统
41	NOT	"非"门	49	P&ID	管道仪表流程图	57	SP	设定点
42	O	电磁或声信号	50	PLC	可编程序控制器	58	SQRT	平方根
43	ON – OFF	通断	51	P. T – COMP	压力温度补偿	59	TC	热电偶
44	OPT	优化控制方式	52	R	(能源)故障保位复位装置/电阻	60	XR	X 射线

20. 缩写字母应用示例有哪些?

(1)信号报警(高 – H、低 – L、高高 – HH、低低 – LL):

(2)气相色谱仪:

(3)压力 – 温度补偿单元:

（4）分析滞后补偿单元：

21. 常用自控设备元件、部件字母代号应符合哪些规定？

自控设备、元件、部件字母代号见表1-2-8。

表1-2-8 自控设备元件、部件字母代号

字母代号	名　称	字母代号	名　称	字母代号	名　称
SB	供电箱	RB	继电器箱	SX	信号接线端子板
PX	电源接线端子板	BA	穿板接头	TX	供电箱内接线端子板
RX	继电器箱内接线端子板	TB	接线端子箱	CB	接管箱

22. 电缆、电线、管线字母代号应符合哪些规定？

电缆、电线、管线字母代号见表1-2-9。

表1-2-9 电缆、电线、管线字母代号

字母代号	名　称	字母代号	名　称	字母代号	名　称
AP	空气源管线	PP	保护管线	TP	保温伴热管线
C	电缆、电线	MP	测量管线	NP	氮气源管线
P	气动信号管缆、管线	IP	冲击管线		

23. 测量点如何表示?

测量点是由过程设备或管道符号引到仪表圆圈的连接引线的起点,一般无特定的图形符号,如图 1-2-2(a)所示;当两个测量点引到一台复式仪表上,而两个测量点在图纸上距离较远或不在同一张图纸上时,分别用两个相切的实线圆圈和虚线圆圈表示,如图 1-2-2(b)所示。

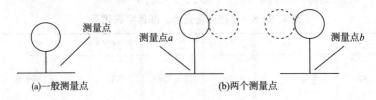

图 1-2-2   测量点表示图

24. 基本图形符号应符合哪些规定?

(1)联锁逻辑系统符号为细实线菱形,菱形中标注"I",在局部联锁逻辑系统较多时,应将联锁逻辑系统编号,如图 1-2-3 (a)所示;

(2)信号处理功能图形为细实线正方形和矩形,如图 1-2-3 (b)所示;

(3)指示灯图形由细实线圆圈与四条细实线射线组成,如图 1-2-3(c)所示。

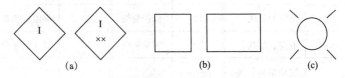

图 1-2-3   基本图形符号表示图

25. 仪表设备与功能的图形符号如何表示?

仪表设备与功能的图形符号应符合表 1-2-10 的规定。

表 1-2-10　仪表设备与功能的图形符号

序号	共享显示、共享控制		C	D	安装位置与可接近性
	A	B	计算机系统及软件	单台(单台仪表设备或功能)	
	首选或基本过程控制系统	备选或安全仪表系统			
1	⬡(圆内嵌方)	◇(方内嵌圆)	⬡(六边形)	○(圆)	·位于现场 ·非仪表盘、柜、控制台安装 ·现场可视 ·可接近性-通常允许
2	(圆内嵌方带横线)	(方内嵌圆带横线)	(六边形带横线)	(圆带横线)	·位于控制室 ·控制盘/台正面 ·在盘的正面或视频显示器上可视 ·可接近性-通常允许
3	(圆内嵌方带虚线)	(方内嵌圆带横线)	(六边形带横线)	(圆带横线)	·位于控制室 ·控制盘背面 ·位于盘后的机柜内 ·在盘的正面或视频显示器上不可视 ·可接近性-通常不允许
4	(圆内嵌方带横线)	(方内嵌圆带横线)	(六边形带横线)	(圆带横线)	·位于现场控制盘/台正面 ·在盘的正面或视频显示器上可视 ·可接近性-通常允许
5	(圆内嵌方带虚线)	(方内嵌圆带虚线)	(六边形带虚线)	(圆带虚线)	·位于现场控制盘背面 ·位于现场机柜内 ·在盘的正面或视频显示器上不可视 ·可接近性-通常不允许

26. 一次测量元件的图形符号如何表示?

一次测量元件的图形符号应符合表 1-2-11 的规定。

表 1-2-11　一次测量元件的图形符号

序号	符　号	描　述	序号	符　号	描　述
1		电导、湿度等单传感探头	13		流量喷嘴
2		pH、ORP 等双传感探头	14		流量测量管
3		光纤传感探头	15		一体化孔板
4		紫外光火焰检测器火焰电视监视器	16		标准皮托管
5		流量孔板限流孔板	17		均速管
6		快速更换装置中的孔板	18		涡轮流量计旋翼式流量计
7		同心圆孔板限流孔板	19		漩涡流量计
8		偏心圆孔板	20		靶式流量计
9		1/4 圆孔板	21	M (a) ∭ (b)	电磁流量计
10		多孔孔板	22	ΔT (a) (b)	热式质量流量计
11	(*)	文丘里管,流量喷嘴,或者流量测量	23		容积式流量计
12		文丘里管	24		锥形元件环形节流元件

续表

序号	符 号	描　述	序号	符　号	描　述
25		楔形元件	33		单点核辐射液位计声波液位计
26		科里奥利质量流量计	34		多点或连续核辐射液位计
27		声波流量计超声波流量计	35		汲取管或液位计导管可在设备侧面安装可无液位计导管安装
28		可变面积式流量计	36		带导向丝的浮子液位计应标注指示表头位置导向丝可取消
29		明渠堰	37		插入式探头
30		明渠水槽	38		雷达
31		内浮筒流量计	39		应变仪或其他电子传感器
32		安装在容器内的浮球也可能在设备顶部安装	40		无外保护套管的温度元件

27. 流量孔板的应用实例有哪些?

流量孔板的应用实例见表1-2-12。

表1-2-12　流量孔板的应用实例

序　号	取压方式	应用实例
1	法兰取压	

序　号	取压方式	应用实例	
2	角接取压	FT *01 ⊣⊢ CT	FT *02 ⊣⊢
3	管道取压	FT *01 ⊣⊢ PT	FT *03 ⊣⊢ PT
4	理论取压	FT *01 ⊣⊢ VC	FT *03 ⊣⊢ VC

28. 就地仪表的图形符号表示方式有哪些?

就地仪表的图形符号见表 1-2-13。

表 1-2-13　就地仪表的图形符号

序号	符　号	描　　述
1	(FG)	视镜(流量观察)
2	(FI)	差压式流量指示计
3	(FI)	转子流量计
4	(LG)	整体安装在设备上的液位计 视镜

续表

序号	符　号	描　述
5	LG	安装在设备外或旁通管上的液位计 对于需要多个液位计进行测量时，可以用一个细实线圆圈来表示，也可以每个液位计用一个细实线圆圈来表示
6	PG	压力表
7	TG	温度计

29. 辅助仪表设备和附属仪表设备的图形符号表示方式有哪些？

辅助仪表设备和附属仪表设备的图形符号见表 1-2-14。

表 1-2-14　辅助仪表设备和附属仪表设备的图形符号

序号	符　号	描　述
1	AW	法兰连接插入式取样探头 法兰连接式取样短管
2	AX	法兰连接式样品处理单元或者其他分析仪附件 代表单个或多个设备
3	FX	流量整流器

续表

序号	符　号	描　　述
4	⟨P⟩	仪表吹扫或流体冲洗 仪表吹扫或设备冲洗
5	⊡	隔膜密封，法兰、螺纹、承插焊或者焊接式连接
6	⊡	隔膜密封，焊接式连接
7	(TW)	法兰连接式温度外保护套管 法兰连接式测试外保护套管 若连接到其他仪表，细实线圆圈可省略

30. 仪表与工艺过程的连接线图形符号表示方式有哪些？

仪表与工艺过程的连接线的图形符号见表1-2-15。

表1-2-15　仪表与工艺过程的连接线图形符号

序号	符　号	描　　述
1	———	仪表与工艺过程的连接 测量管线
2	-----(ST)-----	伴热(伴冷)的测量管线 伴热(伴冷)类型：电(ET)、蒸汽(ST)、冷水(CW)
3	⊥	仪表与工艺过程管线连接的通用型式 仪表与工艺过程设备连接的通用型式
4	⊥	伴热(伴冷)的测量管线的通用型式 工艺过程管线或设备可能不伴热(伴冷)

续表

序号	符 号	描　　述
5	⊙	伴热(伴冷)的仪表 仪表测量管线可能不伴热(伴冷)
6	⊥	仪表与工艺过程管线的连接方式为法兰连接 仪表与工艺过程设备的连接方式为法兰连接
7	○	仪表与工艺过程管线的连接方式为螺纹连接 仪表与工艺过程设备的连接方式为螺纹连接
8	□	仪表与工艺过程管线的连接方式为承插焊连接 仪表与工艺过程设备的连接方式为承插焊连接
9	■	仪表与工艺过程管线的连接方式为焊接连接 仪表与工艺过程设备的连接方式为焊接连接

31. 仪表之间的连接线图形符号表示方式有哪些?

仪表之间的连接线图形符号见表 1-2-16 的规定。

表 1-2-16　仪表之间的连接线图形符号

序号	符 号	应　　用
1	IA ————	IA 也可换成 PA(工厂空气),NS(氮气),或 GS(任何气体) 根据要求注明供气压力,如:PA-70kPa(G),NS-300kPa(G)
2	ES ————	仪表电源 根据需要注明电压等级和类型,如:ES-220VAC ES 也可直接用 24VDC,120VAC 等代替
3	HS ————	仪表液压动力源 根据需要注明压力,如:HS-70kPa(G)

序号	符　号	应　　用
4		未定义的信号 用于工艺流程图 用于信号类型无关紧要的场合
5		气动信号
6		电子或电气连续变量或二进制信号
7		连续变量信号功能图 示意梯形图电信号及动力轨
8		液压信号
9		导压毛细管
10		有导向的电磁信号 有导向的声波信号 光缆
11	(a) (b)	无导向的电磁信号、光、辐射、广播、声音、无线信号等 无线仪表信号 无线通信链接
12		共享显示、共享控制系统的设备和功能之间的通信连接和系统总线 DCS、PLC 或 PC 的通信连接和系统总线(系统内部)

续表

序号	符 号	应 用
13	——●——●——	连接两个及以上以独立的微处理器或以计算机为基础的系统的通信链接或总线 DSC – DCS，DCS – PLC，PLC – PC，DCS – 现场总线等的连接（系统之间）
14	——◇——◇——	现场总线系统设备和功能之间的通信链接和系统总线 与高智能设备的链接（来自或去）
15	--◦----◦---	一个设备与一个远程调校设备或系统之间的通信链接 与智能设备的链接（来自或去）
16	——◉——◉——	机械连接或链接
17	(a) (#)/(##) (a) (#)/(##) (b) (#)/(##) (b) (#)/(##)	图与图之间的信号连接，信号流向：从左到右 (#)：发送或接收信号的仪表位号 (##)：发送或接收信号的图号或页码
18	(*)⊦	至逻辑图的信号输入 (＊)输入描述，来源或者仪表位号
19	——⊦(*)	来自于逻辑图的信号输出 (＊)输出描述，终点或者仪表位号

续表

序号	符 号	应 用
20	—[(*)]⊳	内部功能，逻辑或者梯形图的信号连接 信号源去一个或多个信号接收器 （ * ）：连接标识符 A，B，C 等
21	[(*)]⊳—	内部功能，逻辑或者梯形图的信号连接 一个或多个信号接收器接收来自一个信号源的信号 （ * ）：连接标识符 A，B，C 等

32. 仪表能源连接线图形符号在哪些情况下应在图中表示出来？

（1）与通常使用的仪表能源不同时（如通常使用24VDC，则当使用120VDC时），需要表示出来。

（2）当一般设备需要独立的仪表能源时。

（3）控制器或开关的动作会影响仪表能源时。

33. 仪表连接线图形符号的应用实例有哪些？

（1）气动信号线图形符号的应用实例见图1-2-4。

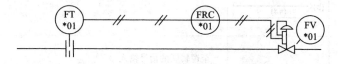

图1-2-4 气动信号线图形符号

（2）电子或电气连续变量或二进制信号线图形符号的应用实例见图1-2-5。

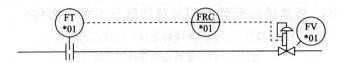

图 1-2-5 电子或电气连续变量或二进制信号线图形符号

（3）现场仪表与远程调校设备或系统之间的通信链接信号线图形符号的应用实例见图 1-2-6。

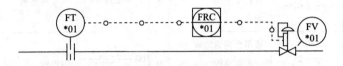

图 1-2-6 现场仪表与远程调校设备或系统之间的
通信链接信号线图形符号

（4）无线仪表信号线图形符号的应用实例见图 1-2-7。

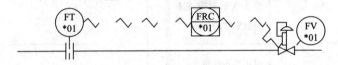

图 1-2-7 无线仪表信号线图形符号

（5）现场总线系统设备和功能之间的通信链接信号线图形符号的应用实例见图 1-2-8。

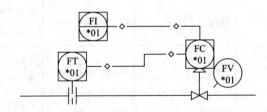

图 1-2-8 现场总线系统设备和功能之间的
通信链接信号线图形符号

34. 最终控制元件的图形符号表示方式有哪些?

最终控制元件图形符号应符合表 1-2-17 的规定。

表 1-2-17　最终控制元件图形符号

序号	符号	应用	序号	符号	应用
1	(a) (b)	通用型两通阀 直通截止阀 闸阀	8		偏心旋转阀
2		通用型两通角阀 角形截止阀 安全角阀	9	(a) (b)	隔膜阀
3		通用型三通阀 三通截止阀 箭头表示故障或未经激励时的流路	10		夹管阀
4		通用型四通阀 四通旋塞阀或球阀 箭头表示故障或未经激励时的流路	11		波纹管密封阀
5		蝶阀	12		通用型风门 通用型百叶窗
6		球阀	13		平行叶片风门 平行叶片百叶窗
7		旋塞阀	14		对称叶片风门 对称叶片百叶窗

续表

序号	符号	应用	序号	符号	应用
15		两通开关型电磁阀	18		四通开关型电磁阀 箭头表示失电时的流路
16		角型开关型电磁阀	19		四通五端口开关型电磁阀 箭头表示失电时的流路
17		三通开关型电磁阀 箭头表示失电时的流路	20		永久磁铁可调速耦合器

35. 最终控制元件执行机构的图形符号表示方式有哪些?

最终控制元件执行机构的图形符号见表1-2-18。

表1-2-18 最终控制元件执行机构图形符号

序号	符号	描述	序号	符号	描述
1		通用型执行机构 弹簧-薄膜执行机构	5		带定位器的直行程活塞执行机构
2		带定位器的弹簧-薄膜执行机构	6		角行程活塞执行机构 可以是单作用(弹簧复位)或双作用
3		压力平衡式薄膜执行机构	7		带定位器的角行程活塞执行机构
4		直行程活塞执行机构 单作用(弹簧复位) 双作用	8		波纹管弹簧复位执行机构

续表

序号	符号	描述	序号	符号	描述
9		电机操作执行机构 电动、气动或液动 直行程或角行程动作	16		带远程部分行程测试设备的执行机构
10		可调节的电磁执行机构 用于工艺过程的开关阀的电磁执行机构	17		自动复位开关型电磁执行机构
11		带侧装手轮的执行机构	18		手动或远程复位开关型电磁执行机构
12		带顶装手轮的执行机构	19		手动和远程复位开关型电磁执行机构
13		手动执行机构	20		弹簧或重力泄压或安全阀执行机构
14		电液直行程或角行程执行机构	21		先导操作泄压或安全阀调节器 若传感元件在内部，取消先导压力传感的连接线
15		带手动部分行程测试设备的执行机构			

36. 自力式最终控制元件的图形符号表示方式有哪些?

自力式最终控制元件的图形符号见表 1-2-19。

表1-2-19 自力式最终控制元件图形符号

序号	符号	描述	序号	符号	描述
1	XXX	自动流量调节器 XXX：FCV 无指示 XXX：FICV 带指示	7	TANK	液位调节器 浮球和机械联动装置
2	FICV (a) (b)	与手动调节阀一体的可变面积流量计 如果手动调节阀和可变面积流量计的位号均需表示出来，应选用(b)	8		背压（阀前压力）调节阀内部取压
3	FICV	恒定流量调节器	9		背压（阀前压力）调节阀外部取压
4	FG	视镜（流量观察） 若不只使用一种类型，应予以注明	10		减压（阀后压力）调节阀内部取压
5	FO	通用型限流元件 单级孔板 对于多级孔板或毛细管类型，应予以说明	11		减压（阀后压力）调节阀外部取压
6	FO	在阀塞上钻孔的限流孔板 若阀门有位号，孔板的位号不显示	12		差压调节阀外部取压

序号	符号	描述	序号	符号	描述
13		差压调节阀内部取压	15		温度调节阀
14		减压调节阀(带一体化泄压出口和压力表)			

37. 控制阀能源中断时阀位的图形符号表示方式有哪些?

控制阀能源中断时阀位的图形符号见表1-2-20。

表1-2-20 控制阀能源中断时阀位的图形符号

序号	方法 A	方法 B	定 义
1	FO		能源中断时,阀开
2	FC		能源中断时,阀关
3	FL		能源中断时,阀保位
4	FL/DO		能源中断时,阀保位,趋于开
5	FL/DC		能源中断时,阀保位,趋于关

38. 信号处理功能图形符号表示方式是什么?

信号处理功能图形符号见表1-2-21。

表 1-2-21 信号处理功能图形符号

名称	常规仪表		DCS	
运算器	(FY 102) [+]	(PY 213) [−]	[TY 105] [×]	[PY 213] [÷]
选择器	(TY 105) [>]	(TY 205) [<]	[PY 213] [<]	[PY 413] [>]
转换器	(PY 4) [I/P]	(LY 207) [P/I]	[FY 302] [A/D]	[LY 251] [D/A]
函数发生器			[FY 103] [f(x)]	[TY 251] [f(t)]

39. 流量常规就地测量仪表图形符号表示方式是什么?

流量常规就地测量仪表图形符号示例见表 1-2-22。

表 1-2-22 流量常规就地测量仪表图形符号应用示例

被测变量	检测方式	简化示例	详细示例
流量	双波纹管差压计	(FI 213)	(FI 213)
	流量视镜		(FG 101)
	转子流量计		(FI 105)

40. 液位常规就地测量仪表图形符号表示方式是什么？

液位常规就地测量仪表图形符号示例见表1-2-23。

表1-2-23 液位常规就地测量仪表图形符号应用示例

被测变量	检测方式	简化示例	详细示例
液位	玻璃板		
	浮子(浮球)		

41. 压力常规就地测量仪表图形符号表示方式是什么？

压力常规就地测量仪表图形符号示例见表1-2-24。

表1-2-24 压力常规就地测量仪表图形符号应用示例

被测变量	检测方式	简化示例	详细示例
压力	压力表		
	差压计		
	隔膜压力表		

42. 温度常规就地测量仪表图形符号表示方式是什么?

温度常规就地测量仪表图形符号示例见表1-2-25。

表1-2-25　温度常规就地测量仪表图形符号应用示例

被测变量	检测方式	简化示例	详细示例
温　度	双金属温度计		TG 213
	温包		TG 213

43. 被测变量为流量的控制室仪表(以常规仪表为例)的图形符号表示方式是什么?

被测变量为流量的控制室仪表(以常规仪表为例)的图形符号示例见表1-2-26。

表1-2-26　被测变量为流量的控制室仪表(以常规仪表为例)
的图形符号应用示例

被测变量	现场仪表	功能说明	简化示例	详细示例
流量	差压变送器	指示	FI 412	FI 412 / FT 412
	漩涡流量变送器	记录报警	FRA 112 L	FRA 112 L / FT 112

44. 被测变量为流量的控制室仪表(以 DCS 为例)的图形符号表示方式是什么?

被测变量为流量的控制室仪表(以 DCS 为例)的图形符号示例见表 1-2-27。

表 1-2-27　被测变量为流量的控制室仪表(以 DCS 为例)
的图形符号应用示例

被测变量	现场仪表	功能说明	简化示例	详细示例
流　量	电磁流量计	指示报警		
	差压变送器	累计带温差补偿		

45. 被测变量为液位的控制室仪表(以常规仪表为例)的图形符号表示方式是什么?

被测变量为液位的控制室仪表(以常规仪表为例)的图形符号示例见表 1-2-28。

表1-2-28 被测变量为液位的控制室仪表(以常规仪表为例)
的图形符号应用示例

被测变量	现场仪表	功能说明	简化示例	详细示例
液位	浮筒	指示	设备 LI 201	设备 LT 201 --- LI 201
	差压变送器	记录报警	设备 LRA 311 H L	设备 LT 311 --- LRA 311 H L

46. 被测变量为液位的控制室仪表(以 DCS 为例)的图形符号表示方式是什么?

被测变量为液位的控制室仪表(以 DCS 为例)的图形符号示例见表1-2-29。

表1-2-29 被测变量为液位的控制室仪表(以 DCS 为例)的图形符号应用示例

被测变量	现场仪表	功能说明	简化示例	详细示例
液位	差压变送器	指示	设备 LI 104 P NS P WS	设备 LT 104 --- LI 104 P NS P WS
	差压变送器	指示报警	设备 LIA 213 H L	设备 LT 213 --- LAHL 213 / LI 213

47. 被测变量为压力的控制室仪表(以常规仪表为例)的图形符号表示方式是什么?

被测变量为压力的控制室仪表(以常规仪表为例)的图形符号示例见表1-2-30。

表1-2-30　被测变量为压力的控制室仪表(以常规仪表为例)的图形符号应用示例

被测变量	现场仪表	功能说明	简化示例	详细示例
压力	压力变送器	双笔记录(气动)		
	差压变送器	指示报警		

48. 被测变量为压力的控制室仪表(以 DCS 为例)的图形符号表示方式是什么?

被测变量为压力的控制室仪表(以 DCS 为例)的图形符号示例见表1-2-31。

表1-2-31　被测变量为压力的控制室仪表(以 DCS 为例)的图形符号应用示例

被测变量	现场仪表	功能说明	简化示例	详细示例
压力	压力变送器	指示报警	PIA 213 H	PIA 213 H / PT 213
	差压变送器	指示报警联锁	设备 / PDIAS 111	设备 / PDT 111 / PDT 111 / PDSH 111 / PDAH 111 / I

49. 被测变量为温度的控制室仪表(以常规仪表为例)的图形符号表示方式是什么?

被测变量为温度的控制室仪表(以常规仪表为例)的图形符号示例见表1-2-32。

表1-2-32　被测变量为温度的控制室仪表(以常规仪表为例)的图形符号应用示例

被测变量	现场仪表	功能说明	简化示例	详细示例
温度	热电偶	记录报警	TRA 211 H	TRA 211 / TE 211
	双支热电偶	指示报警联锁	TIA 105 H / TRS 106 H	TIA 105 H / TRS 106 H / XXX / TE 105 / TE 106

50. 被测变量为温度的控制室仪表（以 DCS 为例）的图形符号表示方式是什么？

被测变量为温度的控制室仪表（以 DCS 为例）的图形符号示例见表 1-2-33。

表 1-2-33　被测变量为温度的控制室仪表（以 DCS 为例）的图形符号应用示例

被测变量	现场仪表	功能说明	简化示例	详细示例
温度	一体化温度变送器	记录报警（趋势记录）		
	毛细管温度变送器	温差指示		

51. 被测变量为流量的控制室仪表（以 SIS 为例）的图形符号表示方式是什么？

被测变量为流量的控制室仪表（以 SIS 为例）的图形符号示例见表 1-2-34。

表 1-2-34　被测变量为流量的控制室仪表（以 SIS 为例）的图形符号应用示例

被测变量	现场仪表	功能说明	简化示例	详细示例
流量	差压变送器	联锁		

52. 被测变量为液位的控制室仪表 (以 SIS 为例) 的图形符号表示方式是什么?

被测变量为液位的控制室仪表 (以 SIS 为例) 的图形符号示例见表 1-2-35。

表 1-2-35　被测变量为液位的控制室仪表 (以 SIS 为例) 的图形符号应用示例

被测变量	现场仪表	功能说明	简化示例	详细示例
液位	差压变送器	联锁 DCS 报警	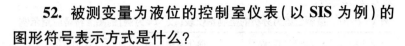	

53. 被测变量为振动的控制室仪表 (以 SIS 为例) 的图形符号表示方式是什么?

被测变量为振动的控制室仪表 (以 SIS 为例) 的图形符号示例见表 1-2-36。

表 1-2-36　被测变量为振动的控制室仪表 (以 SIS 为例) 的图形符号应用示例

被测变量	现场仪表	功能说明	简化示例	详细示例
振动	振动传感器	联锁		

54. 被测变量为分析的控制室仪表 (以 SIS 为例) 的图形符号表示方式是什么?

被测变量为分析的控制室仪表 (以 SIS 为例) 的图形符号示例

见表1-2-37。

表1-2-37　被测变量为分析的控制室仪表(以 SIS 为例)的图形符号应用示例

被测变量	现场仪表	功能说明	简化示例	详细示例
分析	红外线分析器	联锁DCS 记录报警		
	密度计	联锁DCS 报警		

55. 常规仪表控制系统图形符号表示方式是什么?

(1)流量控制系统图形符号见图1-2-9。

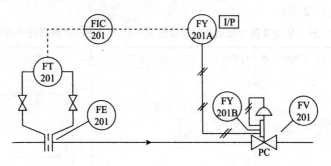

图1-2-9　流量控制系统图形符号

(2)液位控制系统图形符号见图1-2-10。

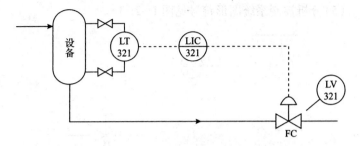

图 1-2-10　液位控制系统图形符号

（3）压力控制系统图形符号见图 1-2-11。

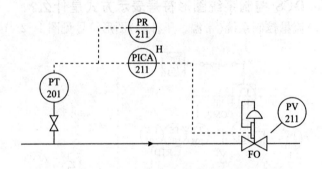

图 1-2-11　压力控制系统图形符号

（4）温度控制系统图形符号见图 1-2-12。

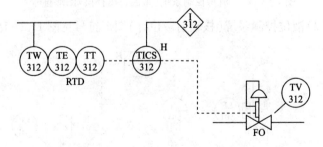

图 1-2-12　温度控制系统图形符号

（5）分析控制系统图形符号见图1-2-13。

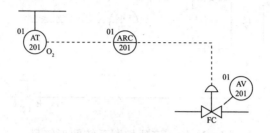

图1-2-13　分析控制系统图形符号

56. DCS 控制系统图形符号表示方式是什么？

（1）流量控制系统（带温、压补偿）图形符号见图1-2-14。

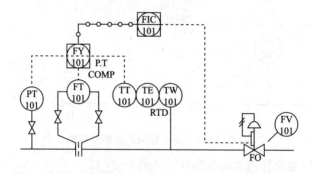

图1-2-14　流量控制系统（带温、压补偿）图形符号

（2）液位控制系统（核辐射液位计）图形符号见图1-2-15。

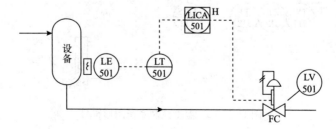

图1-2-15　液位控制系统（核辐射液位计）图形符号

(3)压力控制系统(液压控制)图形符号见图1-2-16。

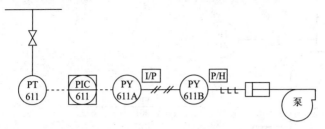

图1-2-16 压力控制系统(液压控制)图形符号

(4)温度控制系统(带阀位开关)图形符号见图1-2-17。

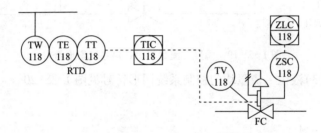

图1-2-17 温度控制系统(带阀位开关)图形符号

57. 由常规仪表组成的复杂控制系统图形符号表示方式有哪些?

(1)单闭环流量比值控制系统图形符号见图1-2-18。

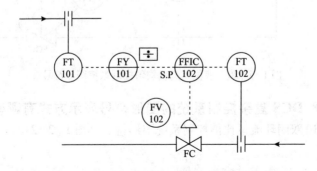

图1-2-18 单闭环流量比值控制系统图形符号

（2）温度－流量串级控制系统图形符号见图1-2-19。

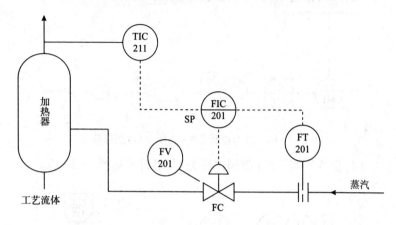

图1-2-19　温度－流量串级控制系统图形符号

（3）液位－流量均匀控制系统图形符号见图1-2-20。

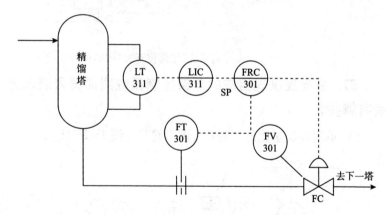

图1-2-20　液位－流量均匀控制系统图形符号

58. DCS复杂控制系统的图形符号表示方式有哪些?

（1）双闭环流量比值控制系统图形符号见图1-2-21。

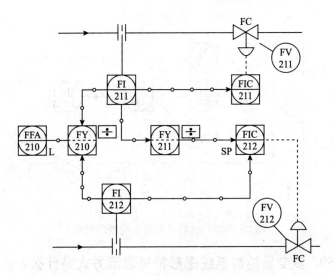

图 1-2-21 双闭环流量比值控制系统图形符号

（2）前馈反馈控制系统图形符号见图 1-2-22。

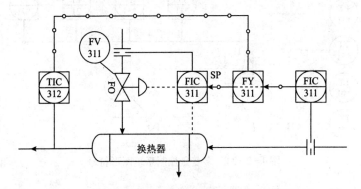

图 1-2-22 前馈反馈控制系统图形符号

（3）选择性控制系统图形符号见图 1-2-23。

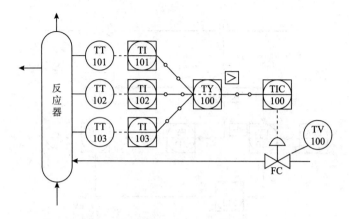

图 1-2-23　选择性控制系统图形符号

59. 多变量控制系统图形符号表示方式是什么?

多变量控制系统图形符号见图 1-2-24。

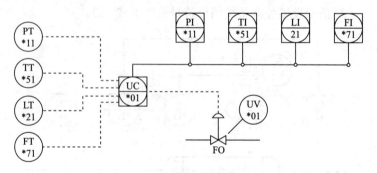

图 1-2-24　多变量控制系统图形符号

60. 多变量/多功能控制系统图形符号表示方式是什么?

多变量/多功能控制系统图形符号见图 1-2-25。

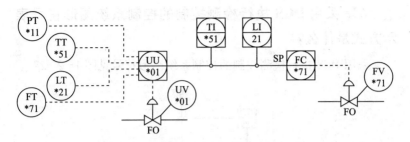

图 1-2-25 多变量/多功能控制系统图形符号

61. 采用 SIS 执行安全联锁的联锁系统图形符号表示方式是什么?

采用 SIS 执行安全联锁的联锁系统图形符号见图 1-2-26。

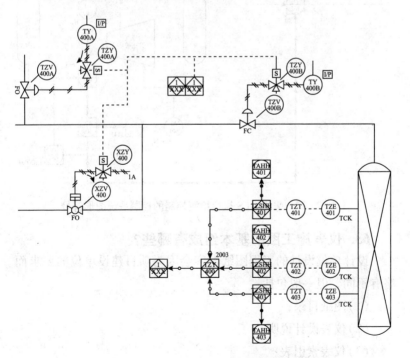

图 1-2-26 采用 SIS 执行安全联锁的联锁系统图形符号

62. 采用 DCS 执行检测控制的控制系统图形符号表示方式是什么？

采用 DCS 执行检测控制的控制系统图形符号见图 1-2-27。

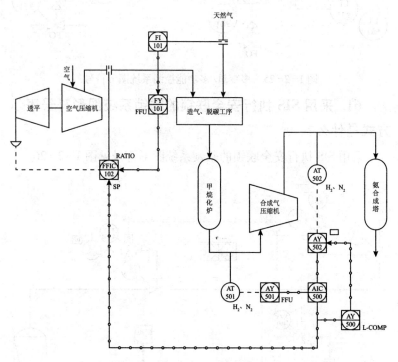

图 1-2-27　采用 DCS 执行检测控制的控制系统图形符号

63. 仪表施工图的基本组成有哪些？

设计单位设计的工程图纸内容会因为项目建设单位的要求而略有不同，但一般包括：

（1）图纸目录；

（2）仪表设计说明；

（3）仪表索引表；

（4）仪表规格书；

（5）仪表回路系统图；

（6）仪表联锁逻辑图；

（7）控制室、仪表机柜室平面布置图、仪表电缆敷设图、仪表供电系统图、仪表接地系统图；

（8）仪表供气系统图；

（9）仪表伴热系统图；

（10）仪表导压配管安装图；

（11）仪表电/气安装图；

（12）分析采样配管安装图；

（13）仪表电缆桥架敷设图；

（14）接线箱图；

（15）仪表配管配线平面图；

（16）仪表电缆连接表；

（17）综合材料表；

（18）工艺管道及仪表流程图（P&ID）。

64. 设计说明的一般内容有哪些？

一般内容包括设计依据、设计范围、工程概述、自动化控制水平、仪表选型、特殊的控制系统说明、仪表各项工程总体介绍以及与其他专业的工作范围划分、执行的安装标准规范等。

65. 仪表规格书的内容有哪些？

仪表规格书的内容包括位号、名称、规格型号、测量范围、组成部件的名称和材质规格、安装地点、测量参数、测量介质、介质的压力、温度、流速及安装标准图号等详细资料，在施工过程中起着重要的引导作用。

66. 工艺管道及仪表流程图(P&ID)如何识读?

读图时,应从左到右、从上至下,按顺时针转动方向,依次识读各类设备和每条管线,分清动设备和静设备,了解和掌握各类设备的名称、编号、数量、功能及典型工艺;在熟悉工艺设备的基础上,根据管道中所标注的介质名称和流向分析流程,了解和掌握所有工艺管线的编号、材质、规格、管件、阀门等。同时对工艺过程的控制方案进行分析,确定检测点的安装位置,如在什么设备上、哪个位置有仪表一次点;在设备的出入口管线上压力等级是否相同;安装方向的确认;仪表设备在工艺设备上安装配合问题,上下方有无障碍影响安装及应采取的措施等。

67. 管道平面布置图如何识读?

(1)管道平面布置图上按比例用细实线标出了电缆托架、电缆沟、仪表电缆桥架的宽度和走向,并标出底面标高。在适当位置用箭头表示物料流向,按比例画出了管道及管道上阀门、管件、管道附件、特殊管件等。

(2)管道平面布置图画出了管道上检测元件的位置,标注了容器上的液面计、液面报警器、放空、排液、取样点、测温点和测压点;按比例用细点划线画出了就地仪表盘、电气盘的外轮廓及所在位置,但不标注尺寸。管道平面布置图上标注出了介质代号、管道编号、公称通径、管道等级、隔热形式及标高。

68. 仪表平面布置图如何识读?

仪表平面布置图是最全面、最具体反映出全局性安装内容的图纸。有仪表设备平面布置图、仪表电缆桥架平面布置图、仪表管道平面布置图等。确定安装位置、走向、敷设高度都需要平面图。仪表平面布置图上的标尺一般以 mm 为单位,图上仪表设备及配管高度,一般指相对标高。

69. 仪表供气系统图如何识读?

仪表供气系统图是一种表示用气设备与气源之间连接示意图。仪表供气系统图中一般表示了仪表供气干管或空气分配器至各用气仪表之间各种供气管线的管径、长度、标高及供气压力,各种阀门的型号和规格,供气仪表的位号,并列出了设备材料表。

70. 仪表回路图如何识读?

仪表回路图是反映仪表回路组成的图,按仪表位号系列,反映检测和控制回路中由哪些仪表设备组成,及它们之间构成回路的连接关系,即将一个系统回路中所有仪表、自控设备和部件的连接关系表达出来的图纸。每一个仪表回路图一般应包括每个仪表回路的仪表设备位号、电缆规格型号、盘柜号、中间箱柜号以及所有的接线端子号等。仪表回路图一般分为左、右两大区域,左边区域为现场,右边区域为控制室。

71. 仪表安装图如何识读?

仪表安装图反映仪表设备的安装方式、连接方式、仪表管路和线路的安装方式及所需材料的明细等,是用图形符号的方法表达仪表及自控设备安装技术与安装规范的工程施工图样。识读仪表施工图首先应该详细阅读设计说明书,而统计仪表安装材料一般根据仪表安装图来进行。

第三章 常用工机具、校验设备的使用

1. 如何使用游标卡尺?

游标卡尺是一种可以测量长度、内外径、深度的量具。游标卡尺由主尺和附在主尺上能滑动的游标两部分构成。若从背面看,游标是一个整体。游标与尺身之间有一弹簧片,利用弹簧片的弹力使游标与尺身靠紧。游标上部有一紧固螺钉,可将游标固定在尺身上的任意位置。游标卡尺的主尺和游标上有两副活动量爪,分别是内测量爪和外测量爪,内测量爪通常用来测量内径,外测量爪通常用来测量长度和外径。深度尺与游标尺连在一起,可以测量深度。测量时,右手拿住尺身,大拇指移动游标,左手拿待测外径(或内径)的物体,使待测物位于外测量爪之间,当与量爪紧紧相贴时,即可读取外径(内径)尺寸。测量时,卡尺两测量面的联线应垂直于被测量表面,不得歪斜。

2. 如何使用螺纹规?

螺纹规又称螺纹通止规、螺纹量规,通常用来检验判定螺纹的尺寸是否正确。螺纹规根据所检验内外螺纹分为螺纹塞规和螺纹环规,还有一种片状的牙型规。螺纹塞规是测量内螺纹尺寸的正确性的工具,可分为普通粗牙、细牙和管子螺纹三种。螺纹环规用于测量外螺纹尺寸的正确性,通端为一件,止端为一件。螺纹塞规及环规一般在制造时使用，便于控制质量。牙型规一般在生产中使用，一组牙规包括了常用的牙形 0.5/0.6/0.7/0.75/0.8/0.9/1.0/1.25/1.5/1.75/2.7，牙规与牙型吻合就可确认未知螺纹的牙距。检验工件时旋转螺纹规不能用力拧，用三只手指自然顺畅的旋转，止住即可，退出工件最后一圈时要自然退出，不能用力拔出螺纹规。

3. 常用的虎钳有哪几种？

虎钳是用以夹持工件，以便于进行锯割、锉削、铲削等操作的一种工具。虎钳有台虎钳、手虎钳和桌虎钳三种。

4. 锉刀的种类及使用注意事项有哪些？

锉刀是一种切削刃具，按剖面形状分有扁锉（平锉）、方锉、半圆锉、圆锉、三角锉、菱形锉和刀形锉等。平锉用来锉平面、外圆面和凸弧面；方锉用来锉方孔、长方孔和窄平面；三角锉用来锉内角、三角孔和平面；半圆锉用来锉凹弧面和平面；圆锉用来锉圆孔、半径较小的凹弧面和椭圆面。在使用锉刀进行锉削时应及时用钢丝刷将锉刀表面的铁屑清除。

5. 使用台钻钻孔有哪些注意事项？

在使用台钻进行钻孔时严禁戴手套操作，工件固定牢固并在其下面垫一木板或悬空支撑件，钻孔前先划线确定位置并打样冲眼。钻孔时下压手柄用力均匀，选用合适的钻头。孔径较大时，可通过逐级扩孔完成钻孔。钻通孔时，在将要钻穿前必须减少进刀量。

6. 使用手锯锯割管子时有哪些注意事项？

(1)使用手锯锯割管子时，当手锯割到管子内壁时应停锯，把管子向推锯方向转一个角度后再进行锯割。

(2)起锯时，左手拇指靠住锯条，使锯条能正确地锯在所需要的位置上，行程要短，压力要小，速度要慢。锯条安装应使齿尖的方向朝前，在调节锯条松紧时，蝶形螺母不宜旋得太紧或太松，太紧时锯条受力太大，在锯割中用力稍有不当，就会折断；太松则锯割时锯条容易扭曲，也易折断，而且锯出的锯缝容易歪斜。其松紧程度可用手扳动锯条，以感觉硬实即可。锯条安装后，要保证锯条平面与锯弓中心平面平行，不得倾斜和扭曲，否则，锯割时锯缝极易歪斜。

7. 使用无齿锯有哪些注意事项？

（1）无齿锯贴有检查合格的检验标签，应有防护罩，锯片无裂痕和变形，其夹紧装置灵活正常。

（2）使用时无齿锯必须可靠接地，禁止反转，必须戴好切割防护面罩，切割工件用夹紧装置固定好，均匀用力按下操作手柄，切不可猛然用力按下操作手柄，防止砂轮片破裂伤人，不得在锯片侧面打磨物品，锯片的切线方向严禁站人，必要时在切线方向设置防溅挡板。

（3）更换砂轮片时，应断开电源，破损的和受潮的砂轮片严禁使用。

8. 使用手提式电钻有哪些注意事项？

（1）手提式电钻贴有检查合格的检验标签，电源线外皮无破损，钻孔时均匀用力。

（2）用电钻配套的专用扳手安装和拆卸钻头，钻头必须拧紧。先对准孔后再开起电钻，禁止在转动中手扶钻杆对孔。对钻头施压时，力量要适中，力量太大可能折断钻头或降低钻头运转速度，太小则钻头容易磨损。在快钻穿时，压力一定要轻，以便顺利穿孔。向上钻孔时，只许用手顶托钻把。

9. 如何使用电动套丝机？

（1）电动套丝机贴有检查合格的检验标签，装上所需套丝钢管尺寸的板牙（板牙一般分为½′和¾′、1′和1½′、1½′和2′三种可调板牙），把钢管穿进套丝机，调整好钢管与板牙的距离后把套丝机前后夹紧装置锁紧，钢管太长的话要把钢管末端垫平，按下启动按钮，先把管口毛刺刮干净后再进行钢管套丝。

（2）套丝过程要平稳缓慢，以确保安全。应勤加油，防止无油状态下套丝损坏板牙。

（3）电动套丝机使用时必须可靠接地，套丝机运行过程中，禁止触动各手轮、手柄及电气按钮，以免发生安全事故。

（4）禁止用手触碰转动部件，工作台上不允许放置工具和其他物件。

10. 如何使用手动套丝机？

把钢管用三角架台钳固定好，操作者站在管子一侧，把手动套丝机操作手柄调到套丝位置套在钢管头上，用一手顶住板牙，另一手上下晃动操作手柄。板牙上扣后，在丝扣处加适量机油。丝扣套到 2.5mm 左右，把操作手柄调到退扣位置，上下晃动操作手柄退出板牙，然后再套一遍保证丝扣顺滑。

11. 使用手动砂轮机有哪些注意事项？

（1）手动砂轮机贴有检查合格的检验标签，使用前先检查砂轮片是否破裂、转动不正、磨盘不平衡、护罩松动、电源线外皮破损等。

（2）打磨时必须戴护目镜或面罩。自己或他人都应该避开砂轮旋转的方向，以防飞屑或砂轮碎片伤人。更换砂轮片应使用专用扳手。

12. 使用电动冲击钻有哪些注意事项?

(1)电动冲击钻贴有检查合格的检验标签。冲击钻外壳必须有接地线或接中性线保护,检查电钻导线其绝缘是否完好,开关是否灵敏可靠。

(2)冲击钻钻混凝土和砖结构时钻头直径不宜超过14mm。装夹钻头用力适当,使用前应空转几分钟、待转动正常后方可使用。

(3)钻孔时应使钻头缓慢接触工件,双手各握一个操作手柄让冲击钻垂直于工作面,均匀用力,不得用力过猛,易折断钻头,烧坏电机。

(4)严禁戴手套,防止钻头绞住发生意外。在潮湿的地方使用电钻时,必须站在橡皮垫或干燥的木板上,以防触电。

(5)使用中如发现电钻漏电,异常振动、高温、过热等故障时,应立即停机,处理完故障后再使用。

(6)电钻未完全停止转动时,不能卸、换钻头,中途更换新钻头,沿原孔洞进行钻孔时,不要突然用力,防止折断钻头发生意外。

13. 使用电锤有哪些注意事项?

(1)电锤贴有检查合格的检验标签,首先检查外壳、手柄是否出现裂缝、破损,电线、插头等是否完好无损,开关开启是否正常等。

(2)当电锤接电运转后,先让其空转一段时间,观察它是否灵活无阻。使用时,双手各握一个操作手柄让钻头垂直于工作面,对电锤施加的外力应平稳,不得用力过猛,当操作中出现升温、剧烈声响或钻不动时,应立即停机检查,切不可超载使用。

14. 如何使用管钳？

管钳用来拧紧或松开螺纹连接的小口径管道。使用管钳时，要选择合适的规格，钳头开口要等于工件的直径，钳头要卡紧工件后再用力扳，防止打滑，用加力杆时长度要适当，不能用力过猛或超过管钳的允许强度，管钳的牙面和调节环要保持清洁。除此之外，还应检查固定销钉是否牢固，钳头、钳柄有无裂痕，有裂痕者不能使用。较小的管钳，不能用力过大，不能使用加力杆，不能把管钳当成锤子或撬杠使用。

15. 如何使用电动弯管器？

(1)电动弯管器贴有检查合格的检验标签，检查按钮、操作把手、行程开关是否完好，液压油是否充足，弯管机必须可靠接地。

(2)选好与钢管直径相匹配的模具装在相应的夹具位置上，确定好所需要的弯曲半径，算好弯管的尺寸，标出弯管的中点，把钢管装到弯管器夹具上，使钢管弯曲的中点对准模具的中点，启动液压泵，把钢管顶到想要的弯度，停止液压泵，松开液压泵的回流油阀，模具退回零位，打开夹具，取出弯管。

(3)使用时待空转正常后，方可带负荷工作。运行中，严禁用手脚接触其转动部分。工作完毕应及时停泵，释放油压。

16. 如何使用手动弯管器？

手动弯管器只能弯 DN20 以下的钢管。煨弯时，先把钢管卡在手动弯管器里放在地上，用一只脚踩在手动弯管器与钢管夹角处，双手握紧手动弯管器并垂直地面向下使劲，踩在手动弯管器夹角处的脚一同使劲，以煨出合适的弯管。

17. 如何使用磁力线坠？

仪表专业用磁力线坠一般用以检查仪表箱、盘柜、浮筒的垂直度。使用时，把磁力线坠放在仪表箱、盘柜、浮筒的垂直面顶部，把铅锤放到被测物的底部。用钢板尺测量被测物垂直面顶部到铅锤线的距离，然后再测量被测物垂直面底部到铅锤线的距离，进行对比后得出垂直度的具体数值。

18. 使用螺丝刀有哪些注意事项？

螺丝刀是用来拧紧或拧松小螺丝的，一般有"－"字和"＋"字两种，还有很多特殊的专用螺丝刀。使用螺丝刀时，首先应保证螺丝刀规格与所紧固或拧松的螺丝规格相配套，用一手抓住螺丝刀把，注意手不要接触螺丝刀金属部分，避免带电操作螺丝刀时，发生触电。

19. 使用试电笔有哪些注意事项？

(1)试电笔主要用于检查用电设备、仪表供电回路、设备外壳是否带电。用试电笔能判别直流电的正负极，若测正极，则氖管后端亮。用试电笔能区分交流电的火线和零线，若测火线，则氖管会两端发亮。

(2)必须保证试电笔的工作电压范围与拟测试的电压范围一致，禁止超电压使用。

(3)使用试电笔测试时，手指应与试电笔上方的金属铆钉或笔夹接触，否则试电笔的氖管不会发亮。

20. 活塞式加压设备按照增压介质一般可以分为哪几种？

活塞式加压设备按照增压介质一般可以分为气压式活塞增压泵(气压泵)、水压式活塞增压泵(水压泵)、油压式活塞增压泵(油压泵)三种。

21. 压力仪表单体调试应如何选择加压设备？

在进行仪表单体调试时，要根据被校仪表的量程及仪表所测量工艺介质来选择加压设备。一般情况下，对于测量微压、低压的被校仪表单校时加压设备适于选用气压泵；对于测量中压的被校仪表单校时加压设备适于选用水压泵；对于测量高压的被校仪表单校时加压设备适于选用油压泵。应特别注意的是在对禁油的被校仪表单校时不能选用油压泵，对于禁水的被校仪表单校时加压设备不能选用水压泵。

22. 使用加压设备应注意哪些问题？

(1)在调试仪表时，应注意根据被校仪表的工艺要求，选择合适的加压设备。

(2)加压设备使用前，应先检查加压设备的适用量程，防止加压时超过设备的使用极限量程而损坏加压设备。

(3)在使用活接头连接标准表及被校仪表时，应注意接头部分丝扣是否相符，如不符则应使用相应的转换接头进行转换连接，防止丝扣的损坏。

(4)加压设备使用时，加压、泄压应平稳，防止操作不当而造成设备的损坏。

(5)加压设备所附带活接头为标准丝扣接头，与被校表连接时，禁止使用生料带进行密封，防止丝扣的损坏。

(6)设备使用及存放过程中要定期清理，活接头部分要用丝堵进行封堵，防止设备的污染及损坏。

23. 万用表有哪些功能？

万用表一般用以检查线路通断，测量电阻、交直流电压、直流电流，特殊的万用表还可测量交流电流、输出电平、电容电感等。

24. 如何正确使用万用表测量电阻？

测量电阻时把红黑试笔插入相应的测量电阻的插口，把挡位选择键置于欧姆挡，先将试笔短路(时间不宜太长)，此时显示屏应显示为零；如果是指针式万用表，此时指针应指示零位，如果不在零位需调整。然后把被测电阻或需检测的元件接在两试笔间，表头上的读数即为被测电阻或检测元件的电阻值，而指针式万用表指针所指示的值即为测量电阻值。对于指针式万用表，使用时应注意的是档位不同，应重新调零。当测量线路通断时，万用表指示应该近似为零时为短路(通)，万用表指示为"∞"时为开路(断)。当测量线路中的电阻或通断时，必须预先将电源断掉，以免损坏万用表。

25. 如何正确使用万用表测量直流电流？

测量直流电流时把红黑表笔插入相应的测量电流的插口，把档位选择键置于电流档，判断被测电流的方向，选择合适的量程挡位，再把试笔串接到被测线路中，表头的读数即为被测电流值。测量时应将挡位调高，如不合适再降低一挡，以免烧坏万用表。

26. 如何正确使用万用表测量电压？

测量电压时把红黑表笔插入相应的测量电压的插口，把档位选择键置于电压档，将表笔并接在被测线路的两端(测量直流电压时，需先判断线路的正、负端，再将正负表笔对应并接)，表头读数即为被测电压值。

27. 万用表在使用过程中有哪些注意事项？

为保证仪表安全和测试结果的准确性，使用时应注意以下方面的问题：

(1)万用表使用时应避免振动(指针式万用表使用时应水平放置)；在测量过程中，不能旋转开关按钮，禁止带电转换量程。

(2)如果未知被测量值的范围，则应该将量程开关置于最高档，然后再逐档降低以选择适当的量程。

(3)为了保证读数的准确性，选择合适档位，使指针式万用表指针偏转尽量接近满刻度，电阻档应尽量偏转接近中心刻度，数显式万用表应在显示值稳定时再读数。

(4)在测量电路中的电阻时，必须切断电路电源，如有电容器应放电。

(5)测量50V以上电压时，应考虑人身安全问题，所以应特别注意测量笔的绝缘问题。测量500V以上电压时，应用专用高绝缘高压万用表及表笔，而且尽量做到一端固定，单手操作，确保人身安全。

(6)测量粗略电阻时，可用万用表。测量准确电阻时，则需要用电桥测量。

28. 万用表在存放时有哪些注意事项？

(1)不要将万用表长久放置于潮湿环境中，以免产生霉断、元件变质及氧化、电池漏电或霉烂、绝缘线路板漏电等故障。

(2)万用表使用完后，应把档位放置于交流电压最高量程上或切断处，特别是测量完电阻后防止下次使用时疏忽而造成仪表的损坏，或者无意中使两试笔长时间短路，使电池很快消耗完毕。

(3)万用表存放于干燥洁净环境中，防止灰尘污染仪表，造成仪表的损坏，并要定时清理。

29. 兆欧表有哪些功能？

兆欧表是一种最简便而又常用的高值测量电阻仪表，一般用来测量高值电阻、各种电气设备布线的绝缘电阻、电线、补偿导线、电缆的绝缘电阻以及电机绕组和继电器线圈的绝缘电阻。

30. 如何正确使用兆欧表？

(1)兆欧表放置时应选择一个平坦坚硬的地方把表放平，以便在摇动时易于用力，并免除因放置地点不平产生倾斜而引起测量上的误差。

（2）开路试验：使 E、L 两接线柱开路，转动发动机手柄，待转动速度均匀后，表指针应指向"∞"。

（3）短路试验：轻轻转动发动机手柄，同时瞬间短接 E、L 两接线柱，表指针应指向"0"。

（4）连接测量引线：测量电路绝缘时，"L"接线柱接线路，"E"接线柱接地，测量两线绝缘时，"L"和"E"各接一线；测量芯线绝缘时，"L"接线柱接芯线，"E"接线柱接外层，"G"接电缆内层绝缘层。

（5）兆欧表在转动时应顺时针转动，转速要均匀，一般规定为120r/min，允许有 ±20% 的变化，最多不应该超过 ±25%，通常要摇动 1 min 后，待指针稳定下来以后再读数。

（6）如被测电路中有电容时，先持续摇动一段时间，让兆欧表对电容充电，指针稳定后再读数。

（7）测完后先拆去接线，再停止摇动。

（8）若测量中，发现指针指零，应立即停止摇动手柄。

（9）测量完毕，应对设备充分放电，否则容易引起触电事故。

31. 使用兆欧表时有哪些注意事项？

（1）禁止在雷电时或附近有高压导体的设备上测量绝缘电阻，只有在设备不带电又不可能受其他电源感应而带电的情况下才可以测量。

（2）兆欧表在未停止转动以前，切勿用手触及设备的测量部分或兆欧表的接线柱，拆线时也不可触及引线的裸露部分。

（3）兆欧表应定期校验，校验方法是直接测量有确定值的标准电阻，检查其测量误差是否在允许范围以内。

32. 如何正确使用标准电阻箱？

首先把电阻箱的各电阻档位选择键置于"0"位；用导线通过电阻箱接线柱把电阻箱串联进回路中；根据需要的电阻值，旋动电阻箱旋钮选择键，由小到大依次增加电阻，直到达到所要求的电阻值。一般用于在回路测试中提供标准电阻物理量。

33. 如何通过电阻箱为线路提供一个标准为 12345.67Ω 的电阻？

首先把电阻箱电阻档的选择旋钮都置于"0"，即各档位选择键下方的小显示屏都显示"0"，然后通过接线柱把电阻箱串接到线路中，旋转 ×0.01 档位选择键，使屏幕显示为"7"；旋转 ×0.1 档位选择键，使屏幕显示为"6"；旋转 ×1 档位选择键，使屏幕显示为"5"；旋转 ×10 档位选择键，使屏幕显示为"4"；旋转 ×100 档位选择键，使屏幕显示为"3"；旋转 ×1000 档位选择键，使屏幕显示为"2"；旋转 ×10000 档位选择键，使屏幕显示为"1"；则为线路提供的电阻即为 12345.67Ω。

34. 标准电阻箱在使用及维护过程中有哪些注意事项？

标准电阻箱在使用过程中要小心轻放，避免损坏及档位松动串档；日常要经常清理，防止灰尘；存放地点要干燥，避免内部元器件及线路氧化，造成所提供电阻不准确及电阻箱的老化及损坏。

35. 选取标准表应遵循什么原则？

在调试工程中，对于标准表的选取精度最低限度要比被校仪表精度高 1~2 级、基本误差的绝对值不宜超过被校仪表基本误差绝对值的1/3；标准表的量程范围不宜过大，一般标准表的选取量程比被校表的量程大 1/3 左右比较合适，否则不能保证校验的精度。

36. 如何正确使用智能数字压力校验仪?

首先选取正确的标准智能数字压力校验仪安装到加压设备的连接接头上,另一侧安装被校仪表。打开标准智能数字压力校验仪的电源开关,此时标准表液晶显示屏上将显示两组压力值及电流值数据,用加压设备加压,如果所校仪表为就地指示仪表,则标准表的压力显示为所加压力信号。校验变送器等远传仪表时,标准表同时可以作为供电电源和电流输出检测设备,把正负线分别连接到标准表的 COM、mA 插口及变送器的正负端上,用加压设备加压,此时标准表将显示压力值及被校仪表的模拟信号电流输出值。

37. 使用智能数字压力校验仪有哪些注意事项?

智能数字压力校验仪(标准压力表)作为调试过程中的标准表,在使用过程中一定要注意选取的标准表的量程一定大于被校表量程,加压过程中不允许所加压力大于标准表的使用上限,避免标准表膜盒击穿而损坏;对于标准表来说,表本体的接头为标准接头,在安装到加压设备上时不允许使用密封带进行缠绕密封,防止标准表及加压设备丝扣的损坏,如果在进行加压校验时发现有泄漏情况,可以加密封圈进行密封。使用标准表时应垂直稳定,附近没有振动,不能受突变压力的冲击(加压或泄压时应平稳),避免与有腐蚀性的介质接触。

38. 如何进行智能数字压力校验仪的日常维护?

作为标准表,在日常使用及存放时要轻拿轻放轻连接,避免造成标准表的损坏。要根据标准表的电量定时充电,防止电量耗尽而损耗电池的使用寿命。要用所配充电器进行充电,不允许用其他设备的充电器对标准表进行充电,防止因充电器的功率及电压不一致而造成电池的损坏。要对标准表进行定期的清理及维护，存放在干燥阴凉处，避免暴晒及设备受潮缩短使用寿命或损坏。

39. 信号发生器(707)的主要功能有哪些?

信号发生器主要用于测量 0~20mA 或 4~20mA 电流回路，测量 0~28V 直流电压，提供模拟 0~24mA 直流电流输出。

40. 如何正确使用信号发生器(707)?

打开开关按钮开启信号发生器;同时按 MODE 键及开关键可以切换毫安输出范围 4~20mA 和 0~20mA;依次按 MODE 键会通过电源毫安、模拟毫安、测量毫安、回路电源(24V)、测量直流电压五种选择模式;转动调节旋钮可增加或减少电流输出，按下 1μA 或 100μA 选择按钮，转动调节旋钮，则可以选择步进电流的大小;按 25% 的选择按钮，以全程量(20mA)的 25% 步进增加电流，在全程时，按 25% 选择键以全程 25% 步进减少电流;同时按 25% 和 100% 选择键进入自动斜坡电流输出模式，可以选择慢、快、步进三种模式持续施加或控制的毫安斜坡电流输出信号;按 100% 选择键，从选择的电流范围 0% 开始 SpanCheck，如 0~20mA 范围的 0mA 或 4~20mA 范围的 4mA，SpanCheck 会出现，再按一次则从 100% 开始;在电源模式中，信号发生器具有大于 250Ω 的串接电阻，无需外接的串接电阻即可与 HART 设备兼容。

41. 信号发生器在使用及日常维护中有哪些注意事项?

在信号发生器拆除测试导线前，必须先从测试探针上断开所有的输入信号;使用时信号发生器输入端子不能高于 28V 的电压，避免设备损坏;在测量或供电时，必须使用正确的端子、模式和量程档位;接线时先连接 COM 测试探针，再连接带电的测试探针，断开时相反；定期用湿布和清洁剂清洁设备，存放于干燥阴凉处。

42. 现场通讯器(475)的主要功能有哪些?

现场通讯器作为一种现场便于携带的通讯设备，支持 HART、FOUNDATION Fieldbus 等多种通讯协议，主要用于现场仪表参数的检查整定、仪表的单校、回路测试、联锁功能测试、仪表参数的基本组态等。

43. 现场通讯器(475)与 HART 回路及总线回路(FF)如何进行连接?

现场通讯器(475)与 HART 回路及总线回路连接方式如图 1-3-1 和图 1-3-2 所示：

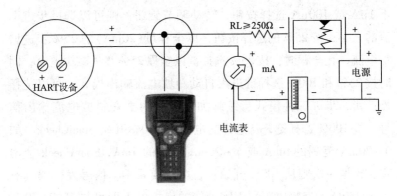

图 1-3-1　通讯器与 HART 回路的连接

44. 现场通讯器(475)与 HART 回路及总线回路(FF)建立连接时有哪些注意事项?

在与通讯器建立连接时一定要注意通讯器 HART 与总线(FF)的端口选择，因通讯器有三个对应插口，不注意时容易出现插口选择错误从而无法通讯到现场仪表或通讯网段上。对于总线网段来说，通讯器可以在总线(网段)上任一方便的位置进行连接。

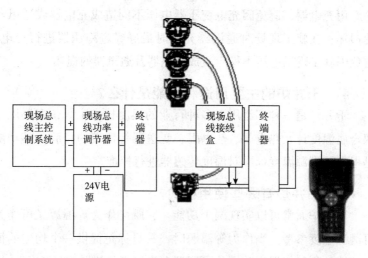

图 1-3-2　通讯器与总线回路的连接

45. 现场通讯器(475)与仪表 HART 回路连接时有哪些要求?

将现场通讯器(475)以及适当的连接器与仪表或负载阻抗并联连接。HART 接线对极性不敏感。为保证现场通讯器(475)正常工作,HART 回路中的阻抗不得小于 250Ω。475 型现场通讯器与现场总线的接线对极性敏感,如果接线的极性不正确,将显示错误信息。

46. 现场通讯器在日常使用过程中有哪些要求?

现场通讯器作为一种现场重要的通讯设备,其使用价值非常重要,本身价格又比较昂贵,在使用过程中一定要注意保护,切勿随意放置而损坏设备;不能用尖锐物(如螺丝刀)接触通讯器的触摸屏,避免触摸屏的损坏;在用通讯器与现场仪表设备连接时特别注意不要把通讯线误接到高电压的电路中去而造成通讯器的烧毁;在日常对通讯器进行充电时,检查好充电器是否是通讯器的专用充电器，避免因充电变压器电压不同造成充电器或通讯器的损坏；在施工现场对通讯器充电时最好经过稳压器进行充电，避免因施工现场电压不稳定造成充电器及通讯器的损坏。

47. 干井炉的主要用途和功能是什么？

干井炉是一种广泛用于多种行业的温度校准工具，主要用于双金属温度计、热电偶、热电阻、变送器等仪表的校验。其功能是根据可溯源温度标准对温度传感器进行校准。

48. 干井炉有哪些使用模式？

干井炉通常可以实现两个功能。它既可作为等温源又可作为可溯源温度参考。当作为等温源时，其目标是提供一个均匀的恒温环境，用于将温度数据从可溯源温度参考标准传递给 UUT；作为温度标准，校准器本身已经经过校准。

(1)直接模式(如图 1-3-3 所示)将干井炉作为温度参考标准。该模式减少了所需仪器的数量，有助于降低成本，并明显方便了现场使用。

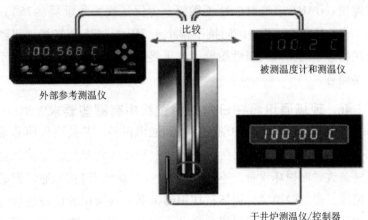

图 1-3-3　直接模式

干井炉可经过校准，直接提供可溯源校准比对，而不必使用外部温度计(直接模式)。

(2)间接模式(如图1-3-4所示)将干井炉作为等温源，依赖于外部温度计(及读出装置)作为参考标准。需要说明的是，一些干井炉内置独立于标准控制电路和传感器的读出装置。这种参考采用了独立的探头，将其插入到干井的插孔中，就和 UUT 一样。该传感器及其相关的测量电子器件可被校准，并提供与完整的外部系统相同的功能。

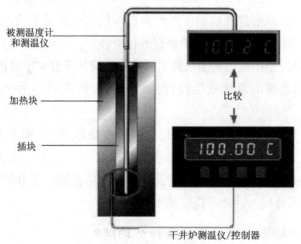

图1-3-4　间接模式

干井炉仅作为等温源使用，以达到溯源性，可将 UUT 读出装置与外部参考温度计的温度进行比较(间接模式)。

49. 如何正确使用干井炉?

(1)使用正确的电源电压。一些干井炉带有"通用"电源，可以使用94～230VAC 范围内的电源，但是许多干井炉仍然只能使用单一的电压电源，使用时要注意选择电源电压档位。

(2)使用干井炉周围保持足够的通风和空气流通，尤其是在极温下工作时。如果其他仪器或物体距离干井炉太近，会引起空气流通不足，使干井炉性能异常。

（3）在低温下工作时，要定期消除形成的冰/霜。定期地将干井炉设置到"热"的温度，蒸发炉内可能出现的所有水分。

50. 使用干井炉插块有哪些注意事项？

（1）在将传感器和插块插入到干井炉之前，应清洁所有的杂物碎屑。插块的设计非常精密，以使导热性能最佳。即使是非常小的微粒，也会导致插块被卡住。

（2）定期清理插块和干井炉内形成的氧化物或其他结垢。最好使用专用抹布或其他细粉磨料进行清洁。

（3）应使用提供的插块拔出工具将插块从干井炉中拔出。

（4）在拔出急热或急冷的插块时，应使用适当的个人防护设备。

（5）干井炉长期保存时，应将插块或探头从干井炉中拔出。

（6）定期清除和处理插块及干井炉内的热脂。干井炉被设计用于干燥环境，因此不建议使用热脂。

51. 标准水银温度计有什么功能？

标准水银温度计是用水银作为填充液制成的玻璃棒温度计。由于水银作为测温物质比起其他物质可有更高的测量精度，常可用来标定其他测温元件。

52. 标准水银温度计按精确度可分为几类？

标准水银温度计按精确度可以划分为一等标准水银温度计和二等标准水银温度计两类，并且有不同测量范围的区分，其一等与二等的不同在于其测量精度及测量范围不同。

53. 标准水银温度计作为标准仪器选用时应遵循什么原则?

标准水银温度计在作为标准仪器使用时，要根据被校仪表的测量范围及精度选取标准水银温度计。一般来说，标准水银温度计精度越高，且与被检测仪表的温度范围越接近(标准水银温度计范围大于被测仪表)，测量数据越准确。

54. 如何正确使用标准水银温度计?

(1)使用前根据被检或校准件的量程来选择所需量程的标准水银温度计。

(2)使用前应按照相关的技术要求检查标准水银温度计。

(3)选好标准水银温度计后，严格按照被检或校准件的检定规程或校准程序来使用标准水银温度计。

(4)使用标准水银温度计时要轻拿轻放，避免与其他物体发生碰撞。

(5)为使标准水银温度计使用不产生误差应全浸使用，且读数精确到1/10分度值。

(6)使用时，一定避免测量范围超过所使用的标准水银温度计的上限。

(7)在规定时间内测量查看该标准水银温度计的"0"位值是否发生变化。

(8)使用后，计算实际温度时一定要把该标准水银温度计在该校准点的修正值加进去。

(9)使用完毕后，用纸巾或干布将水银温度计擦拭干净装盒。

(10)避免与腐蚀性物质接触。

55. 电涡流探头校验仪有什么功能?

电涡流探头校验仪作为一种机械量性能检测的设备,常用于对电涡流探头进行静态和动态的校验。

56. 电涡流探头校验仪中的各个组成部分都有什么功能?

(1)千分尺用来检查探头和前置器距离变化相对电压变化特性。千分尺也用来测量轴位移。

(2)斜盘产生振动和键相参考信号。手动操作摇杆组合通过调整传感器的位置变化控制峰峰振动。速度控制按钮调整斜盘转动速度。

(3)如果探头不能从设备上取下,或者无法进行直接测试,可以用相同型号探头进行替代达到测试的目的。可以通过被测面到探头观察距离变化或通过测量监测器的输出来校对监控系统。

57. 千分尺如何读取数值?

千分尺每旋转一圈有 50 格,0.01mm/格。每旋转一圈,移动0.5mm,量程为 0~25mm。轴上的刻度为 1mm/格。在读数时,把轴向数值加上旋转轴上产生的数值即为间隙距离。

58. 如何正确操作斜盘监测机械振动?

斜盘为涡流探头输入一个机械振动。通过手动调节摇杆组合的位置观看探头振动变化,当摇杆组合对准斜盘中心时系统产生最小振值,移动摇杆组合到斜盘边缘产生最大振值。因为斜盘与涡流探头和电机转轴不成 90°角,电机旋转带动斜盘振动在探头上产生间隙变化。

59. 如何正确操作键相卡槽实现转速的监测?

键相组合由一个键相插孔塞、键相插孔、键相固定和探头固定旋钮组成(如图 1-3-5 所示)。使用时,把键相探头插入键相插孔内并予以固定，连接好前置放大器及延伸电缆，通过转速按钮调节转速，当凹槽或凸键转到探头位置时，相当于探头与被侧面间距突变，传感器会产生一个脉冲信号，产生的时候表明了轴在每转周期中的位置。因此通过对脉冲计数，可以测量轴的转速；通过将脉冲与轴的振动信号比较，可以确定振动的键相角，用于轴的动态平衡分析及设备的故障分析与诊断等。

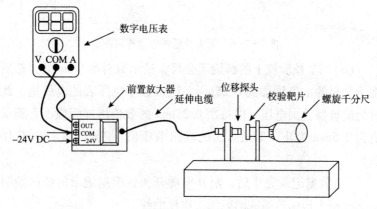

图 1-3-5　键相组合图

60. 实现探头静态监测的正确操作步骤是什么？

（1）依照图 1-3-6 所示将探头与延伸电缆连接，延伸电缆另一端接到前置器上。

（2）用适当的探头夹固定探头，使探头顶部接触到校验靶片。

（3）前置器电源端（-24VDC）、公共端（COM）接入 -24VDC 电源，注意此时不要闭合电源开关。

（4）前置器公共端、输入端接入数字电压表。

（5）检查一切无误后闭合电源开关，将 24VDC 送到前置器的电源端和公共端。

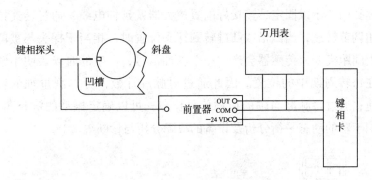

图 1-3-6　探头与延伸电缆连接图

（6）调节校验仪上的螺旋千分尺，使示数对准 0mm 处，然后将千分尺的示值增加到 0.25mm，记录数字电压表的电压值，此时为前置器输出电压。以每次 0.25mm 的数值增加间隙，直到示值为 2.5mm 为止，记录每次的输出电压值（校验点数不少于 10 点）。

（7）数据记录完毕后，断开电源开关，根据记录的数据绘制出被校探头传感器系统的间隙－电压曲线。

（8）根据所绘制的间隙－电压曲线，确定出传感器系统的线性范围，应不少于 2mm。根据曲线的斜率（平滑度）判断探头及传感器系统的性能。

61. 电涡流探头校验仪在常规的维护中应注意哪些问题？

（1）定期清理箱体和部件可以保证设备的持久使用和准确度。用湿布清理箱体内外表面。

（2）为了使腐蚀达到最小，用 WD-40 万能防锈润滑剂清理金属表面，可以在斜盘上涂上一层油来减轻腐蚀及氧化，因为斜盘盘表面的平整度将影响测量的准确度，导致给监测系统错误的输入。存放仪器的环境应清洁干燥。

第二篇　基本技能

第一章 施工准备

1. 施工技术准备的内容有哪些？

工程开工前，应有设计交底和图纸会审，然后依据施工合同、施工图纸、技术规范、厂家随机资料编制仪表施工技术方案。施工技术人员仔细审查设计图纸及厂家资料，将图纸中存在的问题尽早提出，并在施工前解决，为班组顺利施工创造条件。施工技术人员在施工前对全体施工人员进行技术交底。

2. 审核施工图纸时要审核哪些内容？

(1)根据仪表安装图、仪表伴热配管图、仪表分析采样管安装图、仪表气源配管图、仪表位置图、仪表桥架走向图、电缆表等核对仪表材料表所给的材料是否一致。

(2)核对仪表安装图与管道安装图及 P&ID 图的一致性，仪表索引表与 P&ID 图、仪表规格书中对应的仪表位号、所在管线号的一致性。

(3)核对图纸中的技术要求与标准规范的符合性，设计缺项及错误，采用标准的有效性。

(4)核对仪表安装图的连接件是否有误。

(5)核对仪表设备连接面与管道、设备预留连接面是否吻合，仪表设备法兰间距与设备预留法兰间距是否一致。

(6)统计管道单线图、设备轴测图中仪表所用的螺栓、垫片的规格和数量,核对设计是否有遗漏,核对膜盒仪表紧固所用的螺栓长度是否满足安装要求。

(7)熟悉所有预埋件的位置,以便配合土建专业施工;熟悉所有取源部件的位置,配合工艺专业施工。

3. 编制施工技术方案需要包括哪些内容?

施工技术方案的主要内容包括适用范围、编制依据、工程概况、施工工艺、资源配备、施工进度、质量措施、HSE 措施、JHA 分析。

4. 如何组织施工技术交底?

施工技术交底应由工程管理部门组织,施工经理(施工负责人)主持,施工员对参与施工的作业人员进行交底,同时,项目的技术、质量、安全、供应等相关人员也应参加。

5. 仪表单体调试前需整理及审核哪些资料?

在进行仪表单体调试前,应进行规格书、设计文件及相关记录表格的整理工作,并且要审核规格书及设计文件是否一致。

6. 仪表调试前应作哪些方面的资质报验?

在进行仪表调试前,应首先完成人员资质、标准调试仪器及调试设备的报验工作。报验审查合格后,才能由具备调试资质的人员使用标准调试设备开始调试工作。

7. 仪表单体调试前对作业人员进行技术交底的内容有哪些?

在仪表单体调试前,应对相关作业人员明确工作内容、注意环节、质量要求,还要交待工作环境、危险因素、防护措施和应急处理方法等。

8. 施工现场如何进行人员准备?

(1)选择合适的施工技术人员。

(2)选择有施工经验并持有有效资格证书和上岗作业证的施工人员。

(3)电焊工、起重工等特殊工种及仪表调试人员施工前要对其资格进行登记、报批并在项目管理部门备案。

9. 施工现场如何进行机具准备?

依据工程内容配备施工机具并将其有效证书向相关部门报备;施工机具性能良好并有专人进行维护保管,建立运行、维护保养记录。

10. 施工现场临时设施包括哪些内容?

施工前应根据工程特点及工作量,设置符合使用要求的仪表校验间、仪表设备、材料及配件仓库、施工预制场等。

11. 如何设置仪表设备、材料及配件仓库?

到达现场设备、材料及配件应根据现场具体情况设置敞篷仓库或保温仓库,并作好存放保管,防止设备材料丢失、损坏、腐蚀、变形和变质。敞篷放置管材和线材等;仓库放置执行机构、阀门、配件、控制盘柜、补偿导线、电线及一般电气仪表设备;恒温仓库放置精密仪表和精密电气设备,仓库室温应保持在 10 ~ 35℃之间,相对湿度不大于80%。

12. 施工预制场需要预制的仪表施工范围有哪些?

根据仪表工程施工工期短的特点,尽量进行深度预制。预制场应包括机械加工、电气焊等区域的布置。预制范围包括各种支架、仪表立柱、仪表箱内配管、盘/柜/箱/操作台(包括开孔、喷漆、配线)、电缆桥架及弯头、测量管路等。

13. 在仪表单体调试前，仪表标准校验间应达到哪些要求？

（1）室内清洁、安静、光线充足、通风良好、无振动和较强电磁场的干扰。

（2）配有上、下水设施。

（3）仪表试验的电源电压应稳定。交流电源及 60V 以上的直流电源电压波动不应超过 ±10%，60V 以下的直流电源电压波动不应超过 ±5%。

（4）仪表试验用的气源应清洁干燥，露点比最低环境温度低10℃以上。气源压力应稳定。

（5）室内温度保持在 10~35℃之间，相对湿度不大于85%。

（6）仪表调校人员应持有有效的资格证书，调校前应熟悉产品技术文件及设计文件中的仪表规格书，并准备必要的调校仪器和工具。

14. 如何设置仪表设备存放仓库？

（1）存放仪表的仓库应清洁、干燥、通风良好。

（2）室内仪表货架安排有序，并有明确的"待验区""合格区""不合格区"三区分配。

（3）货架仪表摆放要按类整齐摆放并且相应每层应有张贴仪表位号的清单，以便查找。

15. 仪表设备材料入库检查有哪些基本要求？

仪表设备材料配件入库应进行外观检查，检查其规格型号、材质、数量是否与设计要求相符，同时对合格证、材质证、出厂检验测试报告等随机质量证明文件进行检查，保证齐全。

16. 如何进行钢管的检查？

检查钢管表面是否有严重腐蚀、砂眼和重皮现象，对于有缝钢管须检查焊缝质量，不应有裂纹。安装前内部要吹扫干净，钢管的配件接头是否合适。电缆导管不应有变形及裂缝，其内壁应光滑、清洁、无毛刺，符合设计文件及标准规范的要求，不合格者退库。当采用水煤气管时，管外应除锈涂漆。当埋地时必须采取防腐措施，但埋入混凝土内的电缆导管管外不得涂漆。

17. 如何进行铜管、管缆、塑料管及其配件的检查？

检查铜管、塑料管的外观有无压扁或机械损伤。对铜管、管缆、塑料管进行严密性试验，检查管的接头螺纹是否吻合，管件是否合适，铸件上是否有砂眼。

18. 如何进行仪表阀门的检查？

对螺纹连接的仪表阀门检查其丝扣是否完好，并对阀门进行强度和严密性试验，事故切断阀及有特殊要求的调节阀应进行泄漏量试验，合格后应在壳体表面注上明显标记，方可交付使用；对于调节阀、切断阀还应作行程试验；有特殊要求的阀门，应根据设计要求进行脱脂等特殊处理。

19. 如何进行电缆桥架、电缆导管及配件的检查？

(1)检查镀锌钢管的保护层应完好，管口应无裂纹，内壁应无毛刺、铁屑或其他杂质；电缆导管所用的管件、穿线盒应配套无毛刺，接线盒盖应备有防水垫片。

(2)检查电缆桥架的材质、规格型号、厚度等是否与设计相符，检查桥架底部是否有漏水孔。

(3)检查电缆桥架配件(连接片、螺栓、接地跨接线)是否符合要求。

20. 机柜室进入安装工序前需要核对哪些内容？

(1)机柜室是否按设计要求位置留有预留孔及预埋件，机柜基础预埋件是否合适。

（2）室内门窗等装饰工程是否施工完毕，室内杂物是否清理干净。

（3）室内地面标高是否符合设计要求，室内预留电缆沟与设计是否相符。

（4）穿墙预埋管位置是否符合设计要求。

21. 依据施工图纸主要对现场核对哪些内容？

（1）仪表安装位置是否符合工艺和测量要求，是否便于现场安装和维护。

（2）核对待安装仪表接口与设备容器、管线开孔尺寸、接头螺纹、距离等能否满足仪表的安装要求。

（3）根据现场实际安装环境核对仪表设备安装环境是否适合，若不合适应向设计部门提出修改建议或采取必要的措施。

（4）核对仪表桥架、仪表管线敷设是否与工艺管线相碰，与工艺管线的间距是否符合规范要求。

第二章 现场仪表设备安装

第一节 一般规定

1. 仪表设备安装前需要核对哪些内容？

(1)仪表设备安装前，应按设计文件仔细核对其位号、型号、规格、材质和附件，外观应完好无损。

(2)随仪表设备附带的质量证明文件、产品技术文件、安装附件和备品备件应齐全。

2. 仪表设备安装前是否需要作单体调试？

(1)一般情况下，仪表设备安装前必须进行单体调校，合格后方可进行安装。

(2)热电偶、热电阻可以只做通断检查，对现场不具备单校条件的设备可以不做单校，如质量流量计只需验证质量证明文件的有效性。

3. 现场仪表设备安装应符合哪些要求？

(1)光线充足、操作和维护方便、不影响通行、工艺设备和管道的操作和维护。

(2)仪表设备的中心距操作平面的高度应符合设计要求，一般为 1.2~1.5m。

(3)仪表设备不应安装在有振动、潮湿、易受机械损伤、有强电磁场干扰、高温、低温、温度变化剧烈和有腐蚀性气体的位置。

(4)需要安装测量管道的仪表设备应尽量靠近取压点。

(5)检测元件应安装在能真实反映输入变量的位置。

4. 对安装在工艺设备和管道上的仪表有哪些要求?

(1)在工艺设备和管道上安装的仪表应按设计文件确定的位置安装,仪表设备上明示介质流向的,应与工艺管道及仪表流程图(P&ID)一致。

(2)直接安装在工艺管道上的仪表或测量元件,在管道冲洗、吹扫时应将其拆下,待吹洗完成后再重新安装。

(3)仪表安装过程中不应敲击及振动,安装后应平正牢固。仪表与工艺设备、管道或构件的连接及固定部位应受力均匀,不应承受非正常的外力。

5. 带毛细管的仪表设备安装时需要注意什么?

带毛细管的仪表设备安装时,毛细管应敷设在角钢或管槽内,防止机械损伤。毛细管固定时不应敲打,弯曲半径不应小于50mm。周围环境应无机械振动,温度无剧烈变化,如不可避免时应采取防振或(和)隔热措施。毛细管应牢固的固定在其支撑上。

6. 如何保护仪表设备接线盒的引入口?

仪表设备上接线盒的引入口不应朝上,当不可避免时,应采取密封措施。多余的进线口必须使用密封堵头封堵。

第二节　仪表盘、柜、箱和操作台安装

1. 机柜从建设单位库房领出后何时进行开箱检验?

机柜从建设单位库房领出时，先不要打开包装箱，应连同包装箱一起运输到安装现场，安装前与监理、建设单位、厂家一起进行开箱检验。

2. 仪表机柜出库时需做哪些外观检查?

设备开箱前，应检查外包装是否完整。开箱后，应检查内包装是否破损、有无积水、防潮、防水、防振措施是否齐备，是否失效。

3. 仪表机柜开箱检验应符合哪些规定?

(1)所有硬件、备件、随机工具的数量、型号、规格均应与装箱单一致。

(2)设备及备件外观良好，无变形、破损、油漆脱落、受潮锈蚀等缺陷。

4. 仪表机柜出厂技术文件包含哪些内容?

仪表机柜及附件应符合设计文件要求并附有出厂合格证书及安装说明书、接线图等技术文件。接线图等随机资料应至少提供一份给施工承包商，以用于施工。

5. 仪表机柜出库运输需采用什么方法?

(1)机柜中的仪表控制设备结构非常精密、灵敏，易破碎、损坏，出库时要严格按照供货商提供的关于搬运储存说明、建议进行运输和搬运。

（2）在机柜吊装与搬运过程中，应保持平稳。当起吊包装箱时，应特别注意"重心"标记和"正确安放"标记。包装箱的倾斜度不应超过5°。吊车钢丝绳的选用，应根据包装箱的重量有足够的保险系数。

（3）出库运输时，应选择平整的运输道路，由于机柜体积较大，包装箱较重，运输过程中，车速不宜过快。

（4）包装箱运到安装现场（控制室门前）后开箱检验，开箱检验后马上搬运至控制室内。

6. 仪表机柜出库运输有哪些注意事项？

（1）机柜的包装箱出库、运输不能在雨天进行，以防雨水进入包装箱内。

（2）在出库搬运、装车、运输、卸车过程中应小心搬运。

（3）防止剧烈冲击与振动和机械损伤。

（4）卸货应在干燥、坚实和平整的地面上进行。

7. 仪表机柜开箱检验时需要哪些人员参加？

开箱检验应在厂商代表在场的情况下，由施工单位会同监理和建设单位代表共同进行，开箱检验后应共同签署检验记录。

8. 仪表机柜开箱时需要注意什么？

仪表机柜开箱应使用合适的工具，如撬棍，不要用钩子、吊具或叉子等工具。按层次顺序打开包装，严禁猛烈敲打。

9. 制作机柜基础一般使用何种材料？

机柜基础制作一般采用[10镀锌槽钢以及镀锌钢管和角钢等型钢进行制作。

10. 如何进行机柜基础预制？

（1）在预制前应对槽钢、角钢进行除锈、防腐以及型钢调直等工作。

（2）按照施工图纸及仪表机柜实际尺寸切割槽钢、角钢。

（3）组对焊接时焊缝应满焊，焊后将焊缝打磨平整，补刷防腐漆。

（4）根据设计要求及机柜固定孔的中心距离（应考虑机柜侧板尺寸），在基础的上表面用磁力电钻进行开孔，严禁使用电焊、气焊开孔。

（5）机柜基础制作应平直、牢固，外型尺寸和机柜尺寸相吻合，标高符合设计要求。

11. 如何安装机柜基础？

（1）机柜基础按照预埋件的位置采用焊接固定或采用膨胀螺栓固定。采用焊接固定时，应核对土建专业的预埋件是否符合设计要求。

（2）采用焊接固定的机柜基础型钢应在地面二次抹面前安装完毕。

（3）基础找正选用计量检定合格的水准仪测量，此方法测量精度高，误差小。

12. 机柜基础偏差值应符合哪些要求？

（1）机柜基础的水平度允许偏差应为 1mm/m，当型钢底座长度全长大于 5m 时，全长水平度允许偏差应为 5mm。

（2）机柜基础的直线度允许偏差应为 1mm/m，当型钢底座长度全长大于 5m 时，全长直线度允许偏差应为 5mm。

13. 仪表机柜安装前要确认哪些安装条件？

机柜安装前，由施工单位会同监理单位、建设单位和有关部门检查验收机柜室，共同确认以下安装条件：

（1）地面、顶棚、墙面、门窗施工完毕，室内清扫干净。室内消防系统安装完毕，并已试验验收。

(2)机柜型钢底座安装完毕，符合设计要求。

(3)空调系统安装调试完毕，处于正常状态，室内温度、湿度均达到系统要求。

(4)不间断电源(UPS)和系统电源及室内照明已全部施工完毕，投入正常运行，并且已具备封闭式管理条件，室内附属公用设施已完备。

(5)接地极及接地系统施工完毕，接地电阻符合设计规定。

(6)所有需要在机柜基础上焊接的支架，应在仪表机柜安装前，机柜基础喷漆前完成。

14. 仪表机柜安装过程中有哪些注意事项？

(1)为保护机柜室防静电地板，在设备搬运经过的地板上面铺一层三合板或绝缘胶皮。

(2)在机柜室门口台阶上搭设平台，机柜运输选用合适的工具，如液压小车。

(3)开孔应尽量根据机柜底部所带安装孔尺寸在基础上精确开孔，组装机柜时应从中间向两边组装，减少误差累积。

(4)机柜与型钢基础之间宜采用绝缘防锈螺栓连接。仪表机柜之间的连接应牢固，紧固件应为防锈材料。

15. 单个安装的仪表机柜应符合哪些要求？

(1)固定牢固。

(2)垂直度偏差不得大于 1.5mm/m。

(3)水平度偏差不得大于 1mm/m。

16. 成排安装的仪表盘、箱、柜、操作台应符合哪些要求？

(1)同一系列规格相邻两机柜的顶部高度差不得大于 2mm。

（2）当同一系列规格机柜间连接处超过两处时，顶部高度差不得大于 5mm。

（3）相邻两机柜接缝处正面的平面度偏差不得大于 1mm；当机柜间的连接处超过 5 处时，正面的平面度偏差不得大于 5mm。

（4）相邻两机柜之间的接缝的间隙不得大于 2mm。

17. 仪表机柜运输、安装过程中需作哪些防护？

（1）仪表机柜在搬运过程中，防止机柜变形和表面油漆损伤，并有专人指挥，防止砸压到施工人员而发生意外事故。

（2）吊车吊装范围拉好警戒绳，专人负责指挥。开箱检验后，将机柜吊到控制室门口的小车上，由施工人员在柜旁防护，按预定好的路线运送到机柜间内。

（3）将机柜从小车上移到底座上时，防止机柜发生倾倒事故。

（4）仪表机柜安装完成后，应先用防尘布包好，等待下道工序施工。

18. 机柜工序交接验收检查内容有哪些？

（1）机柜基础制作安装是否符合现场实际情况。

（2）机柜安装是否符合设计及规范要求。

（3）交工技术文件和安装检查记录是否准确，会签是否齐全，质量评定资料是否完善以及初评是否合格。

第三节　就地仪表盘、箱安装

1. 就地仪表盘、仪表箱上的仪表如何进行安装？

（1）仪表盘上安装的仪表多数为横、竖嵌入式结构固定方法，应根据制造厂提供的安装使用说明书规定进行安装，任何情况下都不允许在固定仪表壳体上增加钻孔。

(2)安装时应由两人同时进行，一人在仪表盘前将仪表自孔洞装入，另一人在仪表盘后固定，在安装过程中避免仪表剧烈振动。

(3)仪表安装后在没有与相应的导线连接之前，不要将连接孔眼上的塞子去掉，避免灰尘及其他杂质进入表内。

2. 就地仪表盘盘后如何进行配管？

(1)盘后管线连接应根据施工图或制造厂的安装说明进行安装。

(2)管线布置应横平竖直、整齐，易于检查和拆装。

(3)外部引入的信号管缆不宜直接进表，应加直通终端接头。

(4)盘后采用尼龙管(塑料管)，一般应预制成型或沿汇线槽敷设，接头处应留有余量。

3. 就地仪表盘盘后如何进行配线？

(1)盘后配线可分为明配和暗配，暗配线一般沿盘后预制好的汇线槽或电缆导管敷设，注意电源线与信号线、补偿导线分开敷设，明配一般采用分别成束扎把敷设。

(2)导线与端子压接时要牢固，并作好标识。

4. 仪表保温/保护箱如何进行安装？

(1)仪表保温/保护箱底座按照设计图纸施工，保温/保护箱安装在底座上，固定牢固，成排安装时应整齐美观。

(2)垂直度允许偏差为 3mm/m；当箱的高度大于 1.2m 时，垂直度允许偏差为 4mm/m，水平度允许偏差为 3mm/m。

5. 现场接线箱如何进行安装？

(1)接线箱周围的环境温度不宜高于 45℃，且不影响操作、通行和设备维修。

(2)接线箱的支架采用角钢或槽钢制作，根据设计图纸位置和现场实际情况确定支架的形式和安装位置，成排安装的接线箱要牢固、整齐美观；接线箱的箱体中心距操作平面的高度宜为1.20~1.50m；安装的位置不应影响操作、通行和设备维修。

(3)不锈钢材质的接线箱固定时，不得与碳钢支架直接接触。

(4)接线箱应密封并标明编号，箱内接线应标明线号。

第四节　温度仪表安装

1. 温度仪表按测温方式分为几种？

按测温方式分为接触式测温仪表和非接触式测温仪表。

(1)接触式温度仪表按测温工作原理，分为膨胀式测温仪表(液柱温度计、双金属温度计)、压力式测温仪表(液、气、汽温包)、热电阻式测温仪表(铜、铂电阻体)和热电势式测温仪表(镍铬－镍硅、镍铬－康铜、铂铑－铂等热电偶)。

(2)非接触式温度仪表按工作原理分为光辐射式和红外吸收式测温仪表。

2. 温度仪表按固定方式分为几种？

常用温度仪表按固定方式分为四种，分别是法兰固定安装、螺纹连接固定安装、法兰和螺纹连接共同固定安装、简单保护套插入安装。

(1)法兰固定安装：设备上、高温腐蚀性介质的中低压管道上，适应性广，利于防腐蚀，方便维护。

(2)螺纹连接固定安装：无腐蚀介质的管道上，体积小、安装紧凑。

(3)法兰和螺纹连接共同固定安装：附加保护套，适用于有腐蚀性介质的管道、设备上安装。

(4)简单保护套插入安装：适用于棒式温度计在低压管道上作临时检测用的安装。

3. 温度取源部件在工艺管道上安装时应符合哪些规定？

(1)与工艺管道垂直安装时，取源部件轴线应与工艺管道轴线垂直相交。

(2)在工艺管道的弯管处安装时，宜逆着介质流向，取源部件轴线应与工艺管道轴线相重合。

(3)与工艺管道倾斜安装时，宜逆着介质流向，取源部件轴线应与工艺管道轴线相交。

4. 如何安装工艺管道上的测温元件？

安装在工艺管道上的测温元件应与工艺管道中心线垂直或成45°角，插入深度应大于250mm或处在管道中心，插入方向应与被测介质垂直或逆向，当管道直径小于80mm时应安装在弯头处或增加扩大管。

5. 安装测温元件时需要注意什么？

(1)温度仪表的测温元件应安装在能准确反映介质温度的位置，安装前应核对现场位置和设计位置是否一致。

(2)测温元件用连接头的连接形式与测温元件的连接形式相匹配。

(3)测温元件安装前应清除取源部件接口密封面和连接螺纹处的污物，并在螺纹处涂抹二硫化钼。

(4)测温元件水平安装且插入深度较长或安装在高温设备中时，应有防弯措施。

(5)具有密封保护套管的温度取样部件套管的实际插入深度

应符合设计文件规定，与现场安装条件相符。套管强度及密封性能试验应合格。

6. 双金属温度计的安装方式一般有几种？

双金属温度计安装方式一般有两种，即螺纹连接和法兰连接。螺纹连接时需要注意与连接头的螺纹密封面的规格型号是否一致；法兰连接时需要注意法兰的压力等级、公称直径、密封面形式、螺栓孔尺寸、法兰厚度等是否一致。

7. 如何安装双金属温度计？

(1)插入管道内的长度一般在管道的中心线左右。

(2)螺纹式双金属温度计在接头处加符合要求的密封垫片，并拧紧。法兰式双金属温度计应将垫片放好，螺栓对角拧紧。

(3)安装时不能把表盘当作紧固扳手用，不得敲打，盘面应便于观察。

8. 如何安装压力式温度计？

压力式温度计安装时应使温包全部浸入被测介质中，毛细管应敷设在角钢或管槽内加以保护，并防止机械拉伤。毛细管固定时不应敲打，弯曲半径不应小于50mm，周围环境应无机械振动，且温度变化不应过大，如不可避免时应采取隔热措施。

9. 如何安装反应器内的表面热电偶？

(1)安装前对施工人员进行施工技术交底，开具密闭空间施工作业票，安排好监护人员，对进入设备内施工人员进行登记作好记录。首先将反应器内热电偶固定支架焊接在顶部汽液分配盘的下面，再将组装支架用专用螺栓固定在反应器内壁上。

(2)热电偶感温探头临时捆扎好(如图2-2-1所示)，将左右方向探头分开打把，并作好标识。

(3)安装时要内外配合一致，用专用弯管器进行弯制，弯曲半径符合制造厂家的技术要求（如图2-2-2所示）。安装完成后与制造厂家人员、监理、建设单位共检合格，并作好记录。

图2-2-1　表面热电偶感温探头捆扎　图2-2-2　表面热电偶安装固定

10. 如何安装表面热电偶？

表面热电偶的感应面与被测表面紧密接触，固定牢固；支架需要焊接固定的，应根据母材的材质选择合适的焊材，由持证焊工施焊，焊肉饱满、圆滑，焊接过程不得损伤被测表面（如图2-2-3所示），完工后通知相关方确认检查。

图2-2-3　表面热电偶支架焊接

11. 如何安装耐磨热电偶？

（1）耐磨热电偶保护管末端露出设备外套管的长度为

100～150mm。

(2)耐磨热电偶的安装应符合设计技术要求、方便维护。

(3)炉管上热电偶应按设计图纸安装或由制作厂商现场指导安装，焊接应由持证专业电焊工施焊。

12. 安装测温元件、温度仪表有哪些注意事项?

(1)安装在含固体颗粒介质中的测温元件应采取防磨损的保护措施。

(2)温度仪表在运输和安装过程中不能使保护套管弯曲。

(3)安装法兰式温度仪表时，垫片和紧固件的规格和材质不能用错。

(4)安装二次仪表要注意分度号，不能误用。热电偶必须用相应分度号的补偿导线。

第五节　压力仪表安装

1. 安装压力仪表有哪些注意事项?

(1)压力仪表安装时与工艺管线和设备之间应加装一次阀门。

(2)不宜安装在振动较大的设备和管道上。

(3)被测介质压力波动较大时，压力仪表应采取缓冲措施。

(4)测量低压的压力仪表的安装高度，宜与取压点的高度一致。

(5)被测介质温度高于60℃时，压力表前应装U形或环形管。

(6)测量黏度大、腐蚀性强或易于汽化的介质时，压力仪表安装应加隔离设施或采用隔离式压力仪表。测量固体颗粒或粉尘介质时应加吹洗装置或烧结金属过滤器。

2. 如何确定压力变送器的安装位置?

压力变送器的安装位置应根据测量管道配管方案和压力取源部件实际开口方位确定,在符合设计和方便操作维护的前提下尽可能靠近取压点,以缩短测量管道的长度,测量管道长度不宜大于15m。

3. 安装就地盘或就地架上的压力仪表需要注意哪些事项?

安装前应检查安装孔(或螺栓固定孔及间距)与仪表设备是否相符,就地架位置是否合适,固定是否牢靠,接线孔和引压孔是否能从就地架顺利引出。

4. 压力仪表安装前需要注意哪些事项?

(1)压力仪表安装前应对型号、量程、设定点、材质等项目进行复核,并有明确、清晰的位号和调校合格标记,作好安装记录。

(2)压力仪表安装前应对配管方案进行核对,压力等级、规格、材质等应与设计和工艺条件相符合,并应附件齐全,密封良好。

5. 安装压力仪表时需要注意哪些事项?

(1)直接安装在设备或管道上的压力仪表用取压口必须与仪表连接尺寸一致。

(2)压力仪表的位置应符合工艺流程图和仪表平面布置图,当仪表平面图与工艺流程矛盾时,应按仪表规格表重新核对,一般以流程图为准。

(3)压力仪表的安装应平整、牢靠,方便操作、维护和观察。

6. 安装高压设备、管道上的压力表需要注意哪些事项?

安装在高压设备和管道的压力表,如在操作岗位附近,安装高度宜距操作平面1.8m以上，否则应在仪表的正面加防护罩。

7. 压力表何时安装?

压力表应在工艺系统试压吹扫结束后安装，如果因为其它原因必须提早安装时，应征得有关部门或单位的同意。

8. 如何安装压力变送器?

(1)压力变送器短安装时(如图2-2-4所示)，变送器直接安装在一次阀和测量管道上。

(2)压力变送器装在仪表立柱或仪表箱内立柱上时(如图2-2-5所示)，用U形管卡固定。膜盒毛细管式压力变送器膜盒端用螺栓和一次阀的法兰进行固定，变送器表头用U形管卡固定在仪表立柱上。

图2-2-4　变送器短安装　　图2-2-5　变送器安装在仪表箱内

9. 安装差压变送器前要核对哪些项目?

安装前应对差压变送器的型号、规格、量程、膜盒材质、膜盒最大耐压等重要项目重新复查，并填写在安装记录中。

10. 如何安装差压变送器?

差压变送器安装时，一般是用测量管道把一次阀和变送器连接。变送器装在立柱或仪表箱内立柱上，用U形管卡固定(如图2-2-6所示)。膜盒毛细管式差压变送器膜盒端用螺栓和一次阀固定，表头用 U 形管卡固定在仪表柱子上（如图 2-2-7 所示）。

图 2-2-6　差压变送器安装　　　图 2-2-7　膜盒式差压变送器
　　　　　在立柱上　　　　　　　　　　　安装在立柱上

11. 安装差压变送器有哪些注意事项?

（1）差压变送器的安装应平整、牢靠，方便操作和维护。差压变送器的正压室、负压室应与孔板、喷嘴上的正、负符号相对应。

（2）无仪表箱的差压变送器的安装位置应根据仪表平面布置图、测量管道配管方案和节流部件实际安装方位确定。在符合设计和方便操作维护的前提下尽可能靠近节流部件，以缩短测量管道的长度，测量管道长度不宜大于 15m。

（3）差压变送器安装时应将测量管道最终连接完成，并保证垫片齐全、密封良好，正负压室连接正确。

第六节　流量仪表安装

1. 常用的流量仪表有哪些?

常用的流量仪表有电磁流量计、涡街流量计、质量流量计、旋涡流量计、转子流量计（浮子流量计）等。

2. 如何安装转子流量计？

转子流量计必须安装在无振动的垂直管道上，垂直度允许偏差为2/1000，被测介质的流向应由下向上，上游直管段的长度应大于5倍工艺管道内径。

3. 如何安装涡街流量计？

涡街流量计应安装在无振动的水平管道上，上、下游直管段的长度应符合设计文件要求，前置放大器与变送器间的距离不宜大于3m。

4. 如何安装电磁流量计？

(1)电磁流量计应安装在无强磁场的水平管道或垂直管道上。

(2)电磁流量计(变送器)、被测介质及工艺管道三者应连成等电位，并应有良好接地；变送器、管道、电气接地用$4mm^2$黄绿线连接(如图2-2-8所示)。

图2-2-8　电磁流量计安装

(3)如果电磁流量计的材质采用钢制且无衬塑，垫片采用钢垫时，电磁流量计、被测介质及工艺管道三者之间可不用进行等电位连接，仅将设备进行接地即可。

(4)电磁流量计转换器应安装在不受振动、常温、干燥的环境中,凡就地安装者应装盘或加保护箱(罩)。

(5)当管道公称直径大于300mm时,应加专用支撑。

5. 安装电磁流量计有哪些注意事项?

(1)当变送器安装在垂直管道上时,介质流向应自下而上;在水平管道上安装时,两个测量电极不应在管道的正上方和正下方位置。

(2)流量计上下游直管段的长度应符合设计文件和产品技术文件的要求,如无要求可按上游直管段的长度应大于5倍工艺管道内径(5D);下游直管段的长度应大于3倍工艺管道内径(3D)。

6. 如何安装容积式流量计?

(1)容积式流量计宜安装在水平管道上,刻度盘应处于垂直平面内,保持表内转轴水平,流量计外壳箭头方向应与流体方向一致。

(2)流量计上游应设置过滤器,若被测介质含气体,则应安装除气器。

(3)流量计若需要垂直安装时,被测介质的流向应自下而上。

7. 如何安装质量流量计?

(1)安装在振动场所的质量流量计,出入口宜用减震高压金属挠性软管与工艺管道连接。流量计应安装在水平管道上,矩型箱体管、U形箱体管应处于垂直平面内(如图2-2-9所示)。工艺介质为气体时,箱体管应处于工艺管道的上方;工艺介质为液体时,箱体管应处于工艺管道的下方。表体应固定在金属支架上。

(2)流量计的转换器应安装在不受振动、常温、干燥的环境中,就地安装的转换器应装箱保护。

(3) 安装弯管型流量计传感器，如果流体中含有气泡，弯管不应朝上，如果流体中含有沉淀物，弯管不应朝下，防止管中流体气泡沉淀物堆积，产生虚假流量。

(4) 垂直安装流量管应将流量管垂直固定。水平安装同样将流量管固定，且不要倾斜。

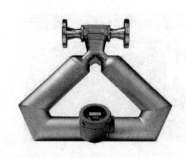

图 2-2-9　质量流量计安装

8. 如何安装靶式流量计？

靶式流量计的靶板中心应安装在管道中心轴线上，并与轴线垂直，靶面应迎着介质流向。

9. 如何安装阿牛巴流量计？

阿牛巴流量计有四个孔的一侧应迎向流体方向，阿牛巴一次元件应通过并垂直于管道中心线，阿牛巴流量计两侧直管段长度应符合设计要求。

10. 如何安装楔型流量计、文丘里流量计？

安装楔型流量计、文丘里流量计应严格按照设计图纸和仪表说明书进行，安装前和专业技术负责人以及相关专业人员充分协商。

11. 如何安装超声波流量计？

超声波流量计上下游直管段长度应符合设计文件要求，对于水平管道，换能器的位置应在与水平直径成45°夹角范围内，被测介质管道内壁不应有影响测量精度的结垢层或涂层（如图2-2-10所示）。

图2-2-10　超声波流量计安装

12. 如何安装孔板、喷嘴、文丘里管？

（1）孔板法兰安装应与管道同心。

（2）孔板的锐边或喷嘴的曲面侧应迎向被测介质的流向（小进大出）。

（3）孔板、喷嘴及文丘里管的两侧直管段长度应符合设计文件要求。

（4）孔板法兰与管子的焊缝内壁应打磨平齐。

（5）孔板和孔板法兰的端面应和轴线垂直，其偏差不应大于1°。

13. 安装流量仪表有哪些注意事项？

（1）节流部件前后应有足够长度的直管段。

（2）差压流量测量节流装置以及流量计应安装在被测介质能完全充满的管道位置。

（3）孔板等节流部件的位置应符合工艺流程图和仪表平面布置图，一般以流程图为准。

（4）孔板安装前应进行外观及尺寸检查。加工尺寸应符合设计要求，孔板入口边缘及内壁应光滑无毛刺，无划痕及可见损伤。

（5）节流件必须在管道吹洗后安装，节流件的流向必须与流程图流向一致。

（6）流量计在管道吹扫前应拆下，吹扫后复位。

第七节　物位仪表安装

1. 安装差压式液位变送器有哪些注意事项？

（1）差压液位变送器安装高度应不高于液面下部取压口，但用法兰式差压变送器、吹气法及利用低沸点液体汽化传递压力的方法测量液位时可不受此限。

（2）法兰式差压变送器毛细管敷设时应加保护措施，弯曲半径应大于50mm，安装地点的环境温度变化不得过大，否则，应采取隔热措施。

（3）变送器位置应在能满足测量、操作维护方便等要求的前提下尽量靠近取压点，以缩短测量管道长度，其长度不宜大于15m。

2. 如何安装雷达液位计？

雷达液位计安装时，其法兰面应平行于被测液面，探测器及保护管应按设计文件和制造厂要求进行安装，一般插入容器30～50mm后用螺栓连接拧紧（如图2-2-11所示）。

图 2-2-11　雷达液位计安装

3. 如何安装钢带液位计?

钢带液位计安装时浮子的导向钢丝应安装牢固、垂直拉紧,不得扭曲或打结。钢带应处于导管中心且沿滑轮滑动自如,钢带导管垂直度允许偏差为 0.5mm/m。

4. 如何安装物位开关?

物位开关应安装在方便电气接线的地方。安装应牢固,浮子应活动自如。

5. 如何安装浮筒液位计?

(1)浮筒液位计上法兰加垫片后,用螺栓与设备上法兰连接,用扳手把紧(见图 2-2-12)。

(2)安装高度应使正常液位或分界液位处于浮筒中心,并便于操作和维护。

(3)浮筒应垂直安装,其垂直度允许偏差为 2mm/m。

6. 如何安装玻璃板液位计?

(1)玻璃板液位计应安装在便于观察和检修拆卸的位置,如果和浮筒液位计并用,安装时应使两者的液位指示同时处于便于观察的方向。液位计安装应垂直,其垂直度允许偏差为 5mm/m

（如图 2-2-12 所示）。

（2）安装玻璃管液位计时，填料应用板手轻轻拧紧，防止玻璃管碎裂。

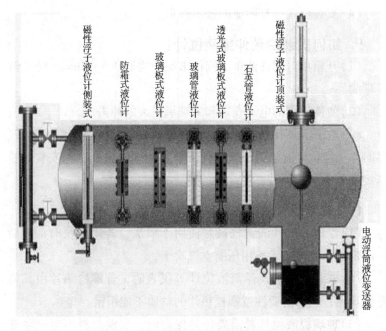

图 2-2-12　浮筒液位计和玻璃板液位计安装

7. 如何安装料位计？

料位计的探测器应安装在便于维修和易于移动的位置，并应远离下落物料或加保护罩。探测器与转换器间的接线应采用屏蔽导线。

8. 如何安装放射性仪表？

（1）放射性仪表安装前必须制定具体的安装方案，在供货商的指导下安装。

（2）安装中的安全防护措施应符合 GB 18871《电离辐射防护

与辐射源安全基本标准》的规定。

（3）安装工作应由经过放射源安全防护知识培训的人员专职负责。

（4）安装位置应有明显的警示标识。

9. 如何安装磁致伸缩液位计？

（1）开箱核对附件清单，测杆末端距罐底 0.5～2mm，防止测杆弯曲。

（2）勿使探棒的电子仓端和末端承受大的冲击。

（3）取下测量孔处的法兰，将杆拧入安装法兰，将液面浮子、界面浮子定位环和卡簧依次装到测杆上插入测量孔，用安装螺栓连接安装法兰。

10. 安装物位仪表有哪些注意事项？

（1）浮筒液位计的调校最好使用干校法，若用水校时，校后一定要把水放干净，并用压缩空气吹干。

（2）安装玻璃板及浮筒液位计等仪表时，若螺栓垫片由其他专业开列，则一定要注意螺栓垫片的材质不能用错。

（3）玻璃板液位计若需要伴热保温时，保温材料不得遮住玻璃板液位计的显示面板。

第八节　在线分析及气体检测仪表安装

1. 如何安装在线分析仪表？

（1）分析仪的标定送到计量部门进行标定或制造商标定，作好相应记录。

（2）采样口设置及阀门形式、管路坡度、管径大小（包括伴热系统)、排放口设置标高及预处理等必须按设计文件及仪器说明书要求施工,严禁擅自更改。

(3)分析仪或取样系统的安装位置应尽量靠近取样点,并符合说明书的要求。分析仪管路应尽量短,不允许 U 形弯式的低点即口袋状。

2. 安装在线分析仪表应符合哪些规定和要求?

(1)分析仪及电气附件结构的防爆等级应符合设计文件规定。

(2)分析尾气的放空和样品的回收应符合设计文件规定。

(3)分析仪表取样点的位置应根据设计要求在无层流、涡流无空气渗入、无化学反应过程的位置。

(4)分析仪表取样系统安装时,应核查样品的除尘、除湿、减压以及对有害和干扰成分的处理是否完善。

3. 安装在线分析仪表有哪些注意事项?

(1)探头选在阀门、法兰等易泄漏处。尽可能靠近,不影响工艺阀门的操作及其他手动装置的操作,避免安装在高温、高湿、强电、振动等环境。

(2)分析管不应影响仪表设备的拆卸、维护,阀门手柄及其他手动装置应便于操作。

(3)分析仪表安装时不应受到敲击及振动,安装应牢固端正,并不承受其他任何外力的作用。

(4)仪表安装不影响安全通道和设备管线等的检修安装。

4. 如何确定气体检测器检测探头的安装位置?

检测探头的安装位置无设计图纸时,应根据所测气体密度确定。用于检测密度大于空气的气体检测器应安装在距地面 300 ~ 600mm 的位置,用于检测密度小于空气的气体检测器应安装在可能泄漏区域的上方位置。

5. 如何安装气体检测器?

(1)气体检测仪表的报警设备应安装在便于观察和维修的表盘或操作台上,其周围环境不应有强电磁场。

(2)安装探头的地点与周边管线或设备之间应留有不小于0.3m 的净空和出入通道。

(3)可燃性气体检测仪现场探头的安装高度及位置应以设计图纸为准。

(4)气体探测器应安装在不受机械振动的场所,并远离高温设备及管线,同时应避免腐蚀介质的侵蚀。

(5)气体探测器应注意防水,在室外和室内易受到水冲刷的地方应装有防水罩,连接电缆高于检测器时应采取防水密封措施。

(6)对有特殊安装要求的仪表设备,安装时应严格按照说明书或相关技术要求进行。

6. 安装气体探测器有哪些注意事项?

(1)探头选在阀门、法兰等易泄漏处。尽可能靠近,不影响工艺阀门的操作及其他手动装置的操作,避免安装在高温、高湿、强电、振动等环境。

(2)仪表安装不影响安全通道和设备管线等的检修安装。

(3)安装在具有气体或液体泄漏可能的危险部位,传感器型号应与被测气体相符。

(4)安装时应考虑气体的泄漏点的位置,可能的泄漏方式和周围空气流动的主导方向等因素,必须安装在气体流量为最大浓度的位置,以充分发挥其效能。

7. 如何进行气体探测器的接线?

(1)拧下变送器后盖,参照产品说明书查看接线端子及相应的输入输出信号。

(2)将电缆穿过电缆密封接头,然后将电缆头引入接线盒,再将电缆密封接头锁紧。

(3)电缆芯导线按编号分别接在相应的接线端子上。接线必须牢固可靠,并不得损伤盖、壳体的防爆螺纹。

(4)接线时打开仪表壳盖时,作好防护工作,防止水、汽、油污、粉尘颗粒进入,对壳体和壳盖结合面及防爆橡胶密封圈进行保护,防止碰伤和划痕,导致防爆性能下降。

(5)电缆接好后,拧紧上盖,并拧紧压紧螺母使橡胶密封环紧紧锁住电缆,不得松动,否则不起隔爆作用。

(6)壳体的接地螺钉要作可靠接地。屏蔽层在机柜间内单点接地,否则会形成接地回路。

第九节　机械量检测仪表安装

1. 安装探头需要准备哪些设备及工具?

万用表、电源、活动扳手、插式扳手、探头安装专用工具、螺丝刀等。

2. 如何正确安装振动探头?

振动探头安装采用电气测隙安装法。首先确定探头线性范围 $L(\mathrm{mm})$,从测量面 $l(\mathrm{mm})$ 开始,$l \sim (L+l)$ 范围内,输出电压为 $a \sim b(\mathrm{VDC})$。根据不同型号探头的零点间隙值(不同型号的探头零界值不同)h,灵敏度 $c(\mathrm{V/mm})$,计算出零界点安装电压 $= c \cdot h = d(\mathrm{V})$,这个电压值即是安装时要调整到的数值。

探头在安装前,首先应先检查安装孔内无杂物,探头能自由转动而不会与导线缠绕。将探头拧入安装孔，导线通过延长电缆连接至前置放大器，然后给前置放大器提供24VDC电源，用万用表实时监测前置放大器的输出电压值。利用专用工具旋转探头使其慢慢装入安装孔内，当测量万用表突然有电压显示时证明探头已安装到 $l \sim (L + l)$ 线性范围内，此时需细心微调，防止因调整过快使探头与测量轴接触挤压造成探头损坏。慢慢调整至探头间隙电压达到 $d(V)$，固定好锁紧螺母，延伸电缆也应固定，安装工作即已完成。需要注意的是探头、延伸电缆、前置放大器应配套，否则会引起测量误差或测量不到间隙值等问题的出现。

3. 安装振动探头有哪些注意事项？

在进行振动探头的安装工作时，首先应确认探头、延伸电缆、前置放大器是否配套。检查安装孔是否清洁，如有杂物需清理干净。探头的延长杆螺纹应清洁无损伤，否则会造成延长杆安装不到安装孔内问题的出现。当探头安装到测量线性范围内以后，需小心微调，防止探头与测量轴接触挤压造成探头损坏。当探头调整到零界电压时，螺母应锁紧，防止振动过大造成安装位置变化。

4. 如何正确安装位移探头？

位移探头传感器技术参数与振动探头是一样的，只是探头结构和安装方法不同。难点在于计算出安装的零界电压值，安装位置涉及到轴系转子的窜量值。

(1)简单的安装方法是让机械钳工配合用千分尺为测量工具把轴撬到1/2位置，即零点位置（计算方法与振动一样）。此方法精度有限，只适用于转子较小的压缩机组并且对机械钳工人员操作要求较高。

(2)首先确定轴系转子的窜量值（机组说明书可以获得，或由钳工实际窜动轴系确定）。让钳工把转子撬到一端，远离端或靠近端都可；然后通过计算得出安装零界电压值，假设窜量值用 C 表示，零点间隙值为 L，灵敏度为 M，零界电压值为 V，得出公式：$V(远) = (L + C/2) \cdot M$，$V(近) = (L - C/2) \cdot M$；最后根据计算结果和实际轴所在远端或近端位置安装即可。

5. 安装位移探头有哪些注意事项？

确认探头、延伸电缆、前置放大器是否配套。检查安装孔是否清洁，如有杂物需清理干净。探头的延长杆螺纹应清洁无损伤，否则会造成延长杆安装不到安装孔内问题的出现。安装时一定确认好转子是在远端或近端，避免安装错误造成探头损坏。检查探头、延伸电缆与探头连接接头部分、延伸电缆与前置放大器连接接头部分是否清洁，如有污染，需用酒精清洁干净后才可以安装，否则在使用过程中会引起测量数据的偏差及电跳（数据跳动、不稳定）现象的产生。

6. 如何正确安装转速探头？

（1）转速一般通过键相测量来实现，即通过在被测轴上设置一个凹槽或凸键，称键相标记。当这个凹槽或凸键转到探头位置时，相当于探头和被测面间距突变，传感器产生一个脉冲信号，每转一周产生一个脉冲。因此，通过对脉冲的计数就可以测量轴的转速。

（2）对于凹槽来说，探头安装时要注意对着轴的完整部分调整初始安装间隙，而不是对着凹槽来调整初始安装间隙。而当标记是凸键时，探头一定要对着凸起的顶部表面调整初始安装间隙，而不是对着轴的其他表面进行调整。否则当轴转动时，凸键与探头可能发生碰撞，造成探头的损坏。

7. 探头安装完成后的成品保护措施有哪些？

探头在安装完成后，因延伸电缆引出孔较大，一般会进行封堵工作，防止机器运行时，润滑油通过安装孔流到机体外部；对于过长的延伸电缆部分应整理好放入接线箱内；对于探头和延伸电缆接头部分，应用套管加以保护，防止污染形成电跳。

第十节　执行器安装

1. 调节阀安装前要进行哪些外观检查？

调节阀安装前应对外观进行检查，表面无机械损伤和缺陷，附带信号管路的应保持信号管路良好，附件齐全完整。复查铭牌上各项目应与设计相符，有进出口标记，并应作记录。

2. 如何安装执行器、调节阀？

（1）根据仪表施工规范及专业划分原则，调节阀现场安装由配管专业进行，检验、接线等工作由仪表专业负责。

（2）调节阀一般安装在水平管道上，调节阀安装应垂直，底座离地面距离应大于 200mm，阀体周围应有足够空间以便于安装、操作、维修，调节阀膜头离旁通管外壁距离应大于 300mm。带定位器的调节阀，应将定位器固定在调节阀支架上，并便于观察和维修。定位器的反馈连杆与调节阀阀杆接触应紧密牢固。调节阀安装方向应与工艺管道及仪表流程图一致（如图 2-2-13 和图 2-2-14 所示）。

 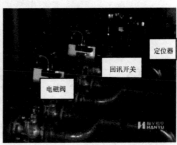

图 2-2-13 调节阀安装   图 2-2-14 开关阀安装

(3)调节阀的定位器应处于便于观察和维修的位置，必要时，按调节阀说明书的要求调整调节阀的膜头或气缸的方向，以保证定位器处于理想的位置。

(4)调节阀必须在管道吹扫、清洗时临时拆除，水运(或气密性试验)之前再恢复安装。若管线因特殊情况，需要重新进行吹扫时，应预先将调节阀拆下，再进行吹扫工作。吹扫完成及时恢复。

3. 安装执行器、调节阀有哪些注意事项？

(1)执行器、调节阀安装前进行单体试验和泄漏量试验。

(2)空气过滤器减压阀、转换器、定位器安装前应复查气源压力、信号范围是否配套协调，与调节阀要求是否一致。

(3)执行器输出轴与阀体(调节机构)连接的连杆或接头，安装时应保持适当的间隙，保护执行器动作灵活平稳。止档限位应在出轴的有效角范围内紧固，不得松动。

(4)执行器的机械传动应平稳，灵活、无松动和卡涩等现象。

(5)执行机构应固定牢固，操作时无晃动，安装位置应便于观察、操作和维护，不妨碍通行，操作手轮应处在便于操作的位置。

第三章 仪表线路的安装

第一节 一般规定

1. 仪表线路主要包括哪些部分？

仪表线路包括电缆桥架、电缆导管及各种管件、支架、电缆电线、光缆及配线材料等。

2. 如何确定仪表线路敷设路径？

(1)线路的敷设路径应根据现场实际情况按最短路径集中敷设。敷设线路时，不宜交叉，且不应使线路受损伤，并排列有序、整齐美观、固定牢固。

(2)线路不应敷设在高温工艺设备和管道上方，也不应敷设在易受机械损伤、有腐蚀性物质排放、潮湿以及有强磁场和强静电场干扰的位置，当无法避免时，应采取防护和屏蔽措施。

(3)线路不应敷设在影响操作和妨碍工艺设备、管道检修的位置，应避开运输、人行、消防通道和吊装孔。

3. 敷设仪表线路有哪些注意事项？

(1)线路安装所用的材料均应符合设计文件和相应产品标准的有关规定，且应具有质量证明文件，安装前应进行检验，不符合要求的材料不得使用。

(2)当线路周围环境温度超过65℃时，应采取隔热措施。处

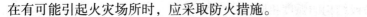

在有可能引起火灾场所时，应采取防火措施。

（3）线路与绝热的工艺设备和管道的绝热层表面之间的距离应大于 200mm，与其他工艺设备、管道表面之间的距离应大于 150mm。

（4）线路从室外进入室内时，应有防水和封堵措施。

（5）敷设线路时，不宜在混凝土梁、柱上凿安装孔。在有防腐蚀层的建筑物和构筑物上敷设线路时，不应损坏防腐蚀层。

（6）线路进入室外的盘、柜、箱时，应从底部或侧面进入，并应有防水密封措施。

（7）在线路的终端处，应加标志牌。地下埋设的线路，应有明显的标识。

第二节　支架的制作与安装

1. 支架如何进行制作？

制作支架时，应将材料矫正平直，切口处不应有卷边和毛刺。制作好的支架应牢固、平整、尺寸准确，并按设计文件要求及时除锈、涂防锈漆。

2. 支架如何进行安装？

（1）在允许焊接的金属结构上和混凝土构筑物的预埋件上，应采用焊接固定。在混凝土上，宜采用膨胀螺栓固定。

（2）支架不应安装在高温或低温管道上。支架安装在有坡度的电缆沟内或建筑结构上时，其安装坡度应与电缆沟或建筑结构的坡度相同。

（3）支架安装在有弧度的设备或结构上时，其安装弧度应与设备或结构的弧度相同。

3. 支架安装有哪些注意事项？

(1)在不允许焊接支架的管道上，应采用 U 形螺栓、抱箍或卡子固定。

(2)在有防火要求的钢结构上焊接支架时，应在防火施工之前进行。

(3)支架的焊接采用满焊方式，并及时做好焊接处的防腐处理。

(4)支架应固定牢固、横平竖直、整齐美观，在同一直线段上的支架间距应均匀。

第三节 电缆桥架的制作与安装

1. 如何制作电缆桥架托架？

(1)电缆桥架托架预制前应对材料进行验收，需作防腐处理的材料，按要求作好防腐处理，并符合设计文件规定后方可入场使用。制作时应将材料矫正、平直，切口处打磨光滑，不得有卷边和毛刺。

(2)制作电缆托架用的槽钢和角钢，使用之前宜作好防腐，按照设计图纸下料，组对，先间断性焊接，然后满焊，焊接过程中宜采用模具定位，横撑互相平行，间距相等，对口要平整，防止错位，焊接完成后应作好防腐处理。

2. 安装电缆桥架托架有哪些注意事项？

(1)电缆桥架托架安装时，金属支架的位置和支架之间的间距应符合设计文件规定。当设计文件未规定时，电缆桥架的金属支架间距宜为 1.50 ~ 3.00m。在拐弯处、终端处及其他需要的位置应设置支架。

(2)电缆桥架安装位置应符合设计文件规定，安装在工艺管架上时，宜在管道的侧面或上方。对于高温管道，不得平行安装在管道上方。

(3)仪表电缆桥架与动力电缆桥架的安装间距，应符合设计文件规定。

(4)金属电缆桥架的连接应有良好的接触，并有跨接线进行连接，并应按设计要求与接地装置或已接地的金属构件进行可靠连接。

(5)电缆桥架固定在支架上时应按照设计文件进行，不应采用焊接方式固定。

3. 现场如何制作电缆桥架配件？

当电缆桥架需在现场制作弯头、三通、变径等配件时，应采用成品的直通桥架进行加工，其弯曲半径不应小于该电缆桥架的电缆最小弯曲半径；加工成型后的配件切割面应打磨光滑，并按要求作好防腐。现场制作弯头、三通等配件时采用机械切割，严禁采用火焊进行切割。

4. 电缆桥架安装前如何进行外观检查？

电缆桥架在安装前，应进行外观检查。电缆桥架的内、外表面应平整，内部应光洁、无毛刺，尺寸应准确，配件齐全，规格、型号、材质等均符合设计文件要求，并配有齐全的出厂合格证明资料。

5. 如何安装电缆桥架？

(1)电缆桥架安装在托架上，不能直接焊接固定，应在托架上焊接角钢进行固定。

（2）电缆桥架采用螺栓连接和固定时，应采用平滑的半圆头螺栓，螺母应在桥架的外侧，固定应牢固。

（3）电缆桥架安装应按照先主干线，后分支线，先将弯头、三通和变径定位，后直线段安装。

（4）电缆桥架的安装应横平竖直、排列整齐，底部接口应平整无毛刺。成排桥架安装时，弯曲弧度应一致。桥架变标高时，底板、侧板不应出现锐角和毛刺。桥架的上部与建筑物和构筑物之间应留有便于操作的空间。

6. 如何加工电缆桥架底板漏水孔？

电缆桥架底板应有漏水孔，孔径宜为 $\phi 5 \sim \phi 8mm$。若需在现场开孔，应从里向外进行施工，漏水孔应光滑无毛刺。

7. 如何安装电缆桥架隔板？

电缆桥架隔板一般为 L 型，并低于电线桥架侧板高度，边缘应光滑，安装时用半圆头螺栓固定在底板上，螺母朝外。

8. 如何安装铝合金电缆桥架？

铝合金桥架连接时不允许焊接，只能螺栓连接或者铆接。当铝合金桥架在钢制支吊架上固定时，应采取防电化腐蚀的措施。

9. 如何安装电缆桥架盖板？

电缆敷设完毕并绝缘测试合格后，需要及时盖好电缆桥架盖板，并固定牢固，盖板固定应连接紧密，垂直段用加抱卡的方式进行固定。

10. 如何在电缆桥架垂直段增设固定电缆用支架？

当电缆桥架垂直段大于 2m 时，应在垂直段上、下端桥架内增设固定电缆用的支架，当垂直段大于 4m 时，应在中部增加支架。

11. 何种情况下需要考虑电缆桥架热膨胀补偿措施？

当钢制桥架的直线长度大于 30m、铝合金或玻璃钢电缆桥架的直线长度大于 15m 时，宜采取热膨胀补偿措施，预留伸缩缝长度应保持一致(伸缩缝长度宜为 20~30mm)。

12. 如何从电缆桥架引出电缆导管？

电缆导管的引出位置应在电缆桥架高度的 2/3 左右，电缆导管的管口螺纹处要加锁紧螺母，管口加护线帽。当电缆直接从开孔处引出时，应采取适当措施保护电缆。桥架开孔应使用机械方式进行，严禁采用火焰切割进行开孔。桥架开孔后，边缘应打磨光滑，并及时作好防腐处理。

13. 电缆桥架交工验收需检查验收哪些内容？

(1)电缆桥架安装是否符合设计及规范要求。

(2)电缆桥架安装是否符合现场实际情况。

(3)交工技术文件和安装检查记录是否准确，会签是否齐全，质量评定资料是否完善。

第四节 电缆导管的安装

1. 如何选用电缆导管？

电线、电缆、补偿导线导管宜选用薄壁镀锌钢管；防爆厂房则应采用厚壁镀锌钢管。

2. 电缆导管如何弯制？

电缆导管的弯制应采用冷弯法。使用电动液压弯管器、手动液压弯管器和手动弯管器进行弯制。

3. 电缆导管弯制应符合哪些要求?

(1)单根管直角弯不宜超过两个,弯曲度不应小于 90°,弯曲处不应有凹陷、裂缝。

(2)当穿无铠装的电缆且明配时,弯曲半径不应小于电缆导管外径的 6 倍,当穿铠装电缆以及埋于地下或混凝土内时,弯曲半径不应小于电缆导管外径的 10 倍。

4. 电缆导管如何制作 90°弯?

(1)根据管外径确定弯曲半径 R。

(2)管子弯制前的画线方法如图 2-3-1 所示,从管口起量出管子实际需要弯曲的长度 H,以 O 点为基准,从 O 点向前量出一个 R,向后量 R/2(近似 0.57R)。

(3)以(3/2)R 为弧长,均匀弯曲 90°,即可以保证 H 尺寸准确。

5. 电缆导管如何制作 45°鸭脖弯?

(1)量出来回摆弯的管中心距离 L 的长度。

(2)求 45°三角形斜边长,ab = 2L。

(3)以 a、b 两点为弯曲中心点,R/2 为弯曲弧长,向正反两个方向弯曲成 45°,要求两段直管平行,并保证 L 距离准确,如图 2-3-2 所示。

6. 电缆导管直线段长度超过 30m 及通过梁柱时如何安装?

电缆导管的直线段长度超过 30m 或弯曲角度的总和超过 270°时,中间应加接线盒。通过梁柱时,配管方式如图 2-3-3 所示,不得在混凝土梁柱上凿孔或钢结构上开孔,可采用预埋电缆导管的方法。

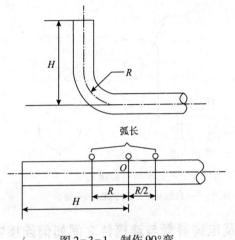

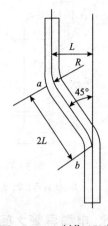

图2-3-1　制作90°弯　　　　图2-3-2　制作45°弯

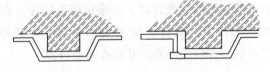

图2-3-3　电缆导管通过梁柱配管方式

7. 电缆导管热膨胀补偿措施有哪些?

当电缆导管直线长度超过30m，且沿塔、槽、加热炉或穿过建筑物伸缩缝时，应采取以下热膨胀补偿措施(如图2-3-4所示)：

(1)根据现场情况，弯管形成自然补偿。

(2)在两管连接处预留适当的间距。

(3)增加一段软管或鹤首弯。

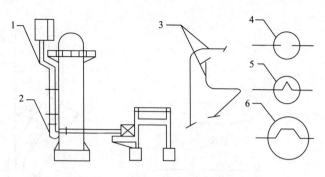

图 2-3-4　电缆导管的热膨胀补偿措施
1—鹤首弯；2，5—软管；3—自然补偿；4—间断；6—鹤首

8. 电缆导管之间及电缆导管与连接件之间如何连接？

电缆导管之间及电缆导管与连接件之间的连接应采取螺纹连接。管端螺纹的有效长度应大于管接头的 1/2，并保持管路的电气连续性。电缆导管埋地敷设时，宜采用套管焊接，管子对口应处于套管的中心位置，套管长度不应小于电缆导管外径的 2.2 倍，焊接应牢固，焊口应严密，并应作防腐处理。

9. 电缆导管与仪表盘、就地仪表箱、接线箱、接线盒之间如何连接？

电缆导管与仪表盘、就地仪表箱、接线箱、接线盒等连接时应有密封措施，并将电缆导管固定牢固，与电缆桥架连接时，应用锁紧螺母固定，管口加护线帽。电缆导管管口应低于仪表设备进线口约 250mm，与检测元件或就地仪表连接时宜采用挠性管连接，当不采用挠性管连接时，管口末端应加工成喇叭口或带护线帽。电缆导管从上往下配制时，在最低端应加防水三通（如图 2-3-5 所示）。

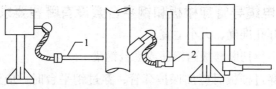

图 2-3-5　电缆导管最低端加防水三通

1—用管卡固定；2—三通

10. 暗配电缆导管敷设有哪些要求？

暗配电缆导管应按最短距离敷设，在抹面或浇灌混凝土之前安装，埋入墙或混凝土内时离表面的净距离不小于 15mm，外露的管端应加木塞封堵或塑料布包扎好保护螺纹。

11. 埋地电缆导管敷设有哪些要求？

埋地电缆导管与公路、铁路交叉时，管顶离地面深度不小于 1m，与排水沟交叉时管顶离沟底净距离不小于 500mm，并伸出路基或排水沟外 1m 以上。电缆导管与地下管线交叉时与管道的净距离不小于 500mm，穿过建筑物墙基应延伸出散水坡外 500mm，保护管引出地面的管口高出地面 200mm，当引入落地式仪表盘（箱）内时管口高出地面 50mm，多根电缆导管引入时，应排列整齐，管口标高一致。

12. 明配电缆导管敷设有哪些要求？

（1）明配电缆导管应排列整齐，横平竖直，支架的间距不宜大于 1.5m，且应在拐弯、伸缩缝两侧和管端 300mm 处安装支护架，固定电缆导管宜用 U 形螺栓和管卡。

（2）电缆导管沿塔、容器的梯子安装时，不应与电气保护管处在同一侧，且宜沿梯子左侧安装。

（3）电缆导管若横跨塔、容器的梯子安装时，应安装在梯子的后面，其位置应在人爬梯子时接触不到的地方。

13. 电缆导管穿楼板和钢平台敷设有哪些要求?

(1)开孔准确,大小适宜。

(2)不得切断楼板内钢筋或平台钢梁。

(3)穿过楼板时应加保护套管,穿过钢平台时,应焊接保护套管或防水圈(如图2-3-6所示)。

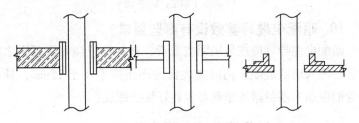

图2-3-6 电缆导管穿过楼板和钢平台加防水圈

(4)明敷设电缆穿过楼板、钢平台或隔离处,应预留电缆导管,管段宜高出楼面1m;穿墙电缆导管的套管或保护罩两端延伸出墙面的长度应小于30mm。

14. 在户外和潮湿场所敷设电缆导管应采取哪些防雨或防潮措施?

(1)在可能积水的位置或最低处,安装排水三通。

(2)电缆导管引入接线箱或仪表盘(箱)时,宜从底部进入。

(3)电缆导管进入就地仪表时,应低于进线口。

(4)朝上的电缆导管末端应封闭,电缆敷设后,在电缆周围充填密封材料。

15. 电缆导管交工验收需检查验收哪些内容?

(1)现场电缆导管是否符合设计、规范要求以及现场实际情况。

(2)安装检查记录是否准确,会签是否齐全,质量验收资料

是否完善以及初评是否合格。

(3)安装到现场的电缆导管是否作好保护措施。

第五节 电缆敷设

1. 电缆敷设前需要具备哪些条件？

(1)沿电缆敷设线路检查电缆桥架，要求电缆桥架全线贯通，隔板安装符合设计要求，桥架内清洁无杂物。

(2)机柜室内盘柜及现场接线箱已安装完毕，现场保护管全部安装到位，检查合格，无质量缺陷。

(3)电缆沟内敷设电缆时，须检查电缆沟的深度、宽度是否符合设计及规范要求，沟内无杂物，底层已铺砂。

(4)对所有施工人员进行技术交底和安全教育，主要施工人员熟悉电缆敷设路线、仪表设备现场分布及控制柜布置。

2. 电缆敷设时对环境温度有哪些要求？

塑料绝缘电缆不低于0℃；橡皮绝缘电缆不低于−15℃。

3. 电缆敷设前应进行哪些检查？

(1)电缆桥架已安装完毕，内部应平整、光洁、无毛刺、干净无杂物。

(2)电缆型号、规格、长度应符合设计要求，外观良好，保护层不得有破损。

(3)绝缘电阻及导通试验检查合格。

(4)控制室机柜、现场接线箱及保护管已安装完毕。

4. 电缆敷设时应遵循什么原则？

遵循先远后近、先集中后分散的原则，沿电缆敷设线路测量出每根电缆实际需要的长度，核对尺寸是否与设计相符。根据测量结果与电缆到货情况编制好电缆敷设表，其内容要包括编号、型号规格、起点、终点、参考长度、参考电缆盘号，并核对到货电缆是否足够长，不允许使电缆出现中间接头（当因供货等原因允许存在中间接头时，也应合理安排敷设顺序，避免或尽量少出现中间接头）。

5. 电缆敷设前如何进行外观检查和导通检查？

电缆敷设前应进行外观检查和导通检查，并用500V兆欧表测量绝缘电阻，补偿导线应进行绝缘测试，其电阻值均应大于5MΩ。兆欧表应放在水平位置，在未接线之前，先摇动兆欧表看指针是否在"∞"处，再将（L）和（E）两个接线柱短接，慢慢地摇动兆欧表，看指针是否指在"零"处，其它类型的兆欧表不宜用短接法校检。采用兆欧表测量电缆的对地和相间绝缘电阻连接如图2-3-7（a）和（b）所示。

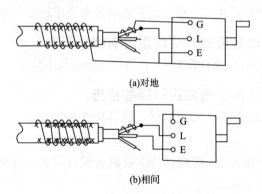

(a)对地

(b)相间

图2-3-7　测量电缆绝缘电阻连接

6. 电缆敷设前需要做哪些准备工作？

（1）选择好电缆盘架设地点并架设好电缆盘，准备好白胶布及透明胶带作电缆临时标记。

(2)准备好锯弓、剪刀等切割工具。

(3)落实电缆表电缆路径、起始端电缆位置及长度。

7. 电缆敷设过程中如何搬运电缆？

搬运电缆时，不应使电缆松散及受伤，电缆盘应按盘上箭头指示或电缆的缠紧方向滚动。

8. 敷设电缆过程中需要注意哪些要求？

(1)电缆应集中敷设。敷设过程中，应由专人统一指挥。

(2)电缆敷设应合理安排，避免交叉，防止电缆之间或电缆与其他硬物之间相互摩擦，并横平竖直、整齐美观、固定牢固。

(3)在同一电缆桥架内的不同信号、不同电压等级和本质安全防爆系统的电缆，应用金属板隔离，并按设计文件的规定分类、分区敷设。

(4)电缆在电缆桥架内应排列整齐，在垂直的电缆桥架内敷设时，应用支架固定，并做到松紧适度。电缆在拐弯、两端、伸缩缝、热补偿区段、易振等部位应留有余量。

(5)本安线路与非本安线路在电缆沟中敷设时，间距应大于50mm。

9. 电缆敷设完毕后需做好哪些工作？

(1)电缆敷设完毕应及时加好盖板，避免造成电缆的机械损伤和烧伤。

(2)电缆线路从室外进入室内作好防水和封堵措施。

(3)电缆线路进入室外的盘、柜、箱时，应从底部或侧面进入，并应有防水密封措施。

(4)线路敷设完毕，应进行校线和标号，并按规范要求规定测量电缆、电线的绝缘电阻。

(5)在线路的终端处，应加标志牌。地下埋设的线路，应有明显的标识。

10. 电缆直接埋地敷设有哪些要求？

电缆直接埋地敷设时，其上下应铺100mm厚的砂子，砂子上面盖一层砖或混凝土护板，覆盖宽度要超过电缆边缘两侧50mm。电缆埋设深度应大于700mm。

11. 控制电缆出现不可避免的中间接头时应如何处理？

(1)需要延长已经使用的电缆时，应加接线盒或接线箱。

(2)消除使用中的电缆故障时，应加接线盒或接线箱。

(3)在资料中体现接线盒或接线箱具体位置。

12. 电缆头制作有哪些要求？

(1)从开始剥切电缆皮到制作完毕，应连续一次完成。

(2)剥切电缆时不得伤及芯线绝缘。

(3)铠装电缆应用钢线或喉箍卡将钢带和接地线固定。

(4)屏蔽电缆的屏蔽层应露出保护层15~20mm，用铜线捆扎两圈，接地线焊接在屏蔽层上。

(5)电缆头应用绝缘胶带包扎密封，本安回路统一用天蓝色胶带。较潮湿、油污的场所，电缆头宜涂刷一层环氧树脂防潮或用热缩管热封。

13. 补偿导线（电缆）敷设有哪些要求？

(1)补偿导线（电缆）应穿电缆导管或在电缆桥架内敷设，不得直接埋地敷设。

(2)补偿导线（电缆）的型号应与热电偶及连接仪表的分度号相匹配。

(3)多根补偿导线（电缆）穿同一根电缆导管时，应涂抹适量滑石粉。

(4)当补偿导线（电缆）与测量仪表之间不采用切换开关或冷

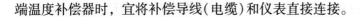

端温度补偿器时，宜将补偿导线(电缆)和仪表直接连接。

14. 光缆敷设前有哪些要求？

光缆敷设前应进行外观检查和光纤盘测检查，绝缘层表面应平整、色泽均匀、无损伤，A/B(头尾)端应密封良好，光纤束由不同颜色光纤组成，外面螺旋松绕以全色谱标识的着色纱线，领示色标(或全色标)清晰、完整。

15. 敷设光缆时有哪些注意事项？

(1)光缆在地上敷设时，应敷设在指定的电缆桥架区域或独立的保护管内。

(2)光缆在地下敷设时，应敷设在保护管(束)内，保护管(束)、标示桩和电缆井的布置和施工，应符合设计文件规定。光缆敷设前，应对保护管(束)和电缆井内进行清理，达到清洁畅通。

(3)光缆敷设前应保持光缆的自然状态，避免出现急剧性的弯曲，其弯曲半径不应小于光缆外径的 20 倍。穿保护管时应用钢线引导，并涂抹适量滑石粉。

(4)光缆敷设时，在线路的拐弯处、电缆井内以及终端处应预留适当的长度，并按设计文件规定作好标识。

(5)光缆线路的中间不宜有接头。

16. 光缆熔接时有哪些注意事项？

(1)光纤连接应按照光缆熔接工艺规程进行操作，采用专用熔接设备进行 A/B 端顺序熔接。

(2)光纤熔接时，应按光纤色标排列顺序一一对应连接，并作好标识。

(3)在光纤熔接后，应对光纤进行测试，损耗小于等于 0.25dB/km。

（4）光纤熔接过程中应防止损伤或折断光纤，整个光纤熔接过程作业应连续完成，不得中断，接头损耗小于等于0.05dB。

（5）光纤外护层内铠装层与大地间绝缘电阻，在光缆浸水24h后测试，不小于2MΩ。

第六节　防爆

1. 安装防爆仪表设备时有哪些注意事项？

（1）安装在爆炸和火灾危险场所的仪表、电气设备，必须符合并具有现行国家或部颁防爆质量标准的技术鉴定文件和"防爆产品出厂合格证"，其外部应无损伤和裂纹。其防爆等级应高于或同等于设计规定的防爆等级。

（2）在爆炸和火灾危险区域安装的仪表盘（箱）应有"电源未切断不得打开"的标志。

（3）在爆炸和火灾危险区域安装的仪表盘（箱）的门（盖）应具备可靠的绝缘弹性垫或研磨油面密封。

（4）本质安全关联设备的安装位置应在安全场所一侧，并应可靠接地，不同类型的安全栅不得互相代用。

（5）施工过程中各类防爆仪表设备、线路管配件内的橡胶密封圈不能遗失或丢弃不用，防爆仪表设备（包括防爆接线箱等）多余的进线口，均要加以可靠密封。

2. 安装防爆仪表线路时有哪些注意事项？

（1）电缆沟、电缆桥架、电缆导管通过不同级别的爆炸、火灾危险区域时，在分界处均应采取隔离密封措施。

（2）电缆导管之间及电缆导管与接线盒、分线箱、穿线盒之间采用圆柱管螺纹连接，螺纹外露以不超过 2 个丝扣为宜，并用电力复合脂或导电性防锈脂覆盖。

(3)本安回路的电缆在电缆桥架或电缆沟内敷设时，与非本安回路之间应用金属隔板隔开，防止静电干扰与磁场干扰。

(4)本安回路的电缆(线)应单独穿管保护，不得与非本安回路共用同一电缆导管或同一根电缆。

(5)隔爆型金属软管、活接头、隔爆型密封接头等内部如采用弹性密封垫作引入电缆密封时，压紧螺母应经金属垫片压紧弹性密封垫，如果弹性密封垫需要人为扩孔引入电缆时，扩孔直径不宜大于电缆直径。

3. 电缆沟在通过不同级别的爆炸、火灾危险区域分界处时应采取哪些隔离密封措施？

(1)电缆沟内部充砂密封，每敷设一层电缆，充填一层砂，砂层厚约 100mm。电缆敷设完毕后，充砂填满电缆沟。

(2)在分界处两侧安装隔板，隔板之间充砂，长度不小于 1m。

(3)在分界处用阻火密封填料充填。

4. 电缆桥架在通过不同级别的爆炸、火灾危险区域分界处时应采用哪些隔离密封措施？

(1)在分界处制作气密砂封。

(2)在分界处用阻火密封填料充填，形成密封阻挡层。

5. 敷设在爆炸和火灾危险区域内的电缆导管应符合哪些要求？

(1)电缆导管应选用厚壁镀锌钢管。

(2)接线箱、穿线盒、管箍、活接头等管件应按危险区域的级别，分别采用不同的防爆结构形式。

（3）电缆导管之间及保护管与接线盒、分线箱、穿线盒之间应采用圆柱管螺纹连接，螺纹有效啮合部分应在6螺距以上，并用锁紧螺母锁紧。螺纹上应涂有电力复合脂或导电性防锈脂，以保持良好的电气连续性，不得在螺纹上缠绝缘胶带或涂其它油漆。

（4）电缆导管与接线箱连接时，应安装隔离密封接头，内灌注密封填料，密封管件与接线箱距离应不大于450mm。

（5）电缆导管与现场仪表或检测元件之间应按其所在危险区域级别，选择隔爆型金属软管连接。

第七节　仪表盘、柜、箱内线路配线

1. 在仪表盘、柜、箱内接线时如何进行配线？

（1）仪表盘、柜、箱内配线可分明配线，暗配线。沿汇线槽敷设时必须注意电源线、信号线与补偿导线分开敷设，如不可避免时，应予以屏蔽。明配线一般采用分别束扎成把敷设，扎把必须牢固均匀（如图2-3-8所示）。

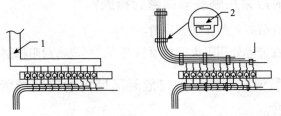

图2-3-8　机柜内接线示意图

1—汇线槽；2—绑扎带

（2）电缆预留长度应从盘顶返下至端子排接线端处。

（3）现场进入机柜的电缆（线）根部需挂电缆标牌，标明编号或现场仪表位号（如图2-3-9所示）。

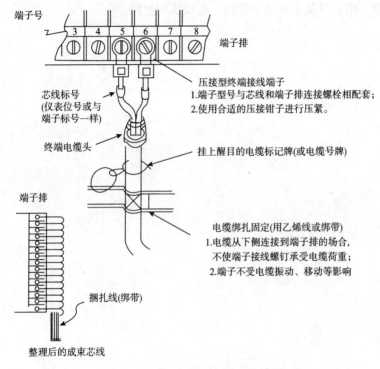

端子号

端子排

压接型终端接线端子
1.端子型号与芯线和端子排连接螺栓相配套；
2.使用合适的压接钳子进行压紧。

芯线标号
(仪表位号或与
端子标号一样)

终端电缆头

挂上醒目的电缆标记牌(或电缆号牌)

端子排

电缆绑扎固定(用乙烯线或绑带)
1.电缆从下侧连接到端子排的场合，
不使端子接线螺钉承受电缆荷重；
2.端子不受电缆振动、移动等影响

捆扎线(绑带)

整理后的成束芯线

图2-3-9　机柜电缆接线挂牌示意图

2. 在仪表盘、柜、箱内接线时有哪些注意事项？

（1）电缆接线时，每根芯线出汇线槽或成把电缆到端子排的距离应一致，芯线应平直，或成自然弯曲，作到整体美观。

（2）电缆与端子连接时，接线端部位应套有注明用途或设计编号的标记。

（3）接线时应用尺寸相宜的接线工具压紧接线端，然后用手检查压紧情况。

（4）补偿导线接线时，严禁接错极性。

（5）电缆接线完毕，应对现场进行清理，将剪下的电缆头清理干净，以免卡在端子排内，造成线间短路。

第四章　仪表测量管道的安装

第一节　一般测量管道安装

1. 仪表测量管道安装所用的管道组成件有哪些要求？

测量管道安装所用的管道组成件的材质、规格、型号，应符合设计文件的规定，且不应低于所连接的工艺管道和设备的等级要求。

2. 仪表测量管道安装前要做哪些检查？

(1)测量管道规格、型号、材质与设计图纸相符，并有质量合格证书，经入场质量验收合格。

(2)测量管道内、外表面的灰尘、油、水、铁锈等污物均应进行清理，达到清洁畅通，并应及时封闭端口。需要脱脂的管道应脱脂，并检查合格后再安装。

(3)碳钢管敷设前应将管材外表面进行防腐处理，并检查合格。

3. 预制仪表测量管道时要注意什么？

预制测量管道，要根据测量管道安装方案图和现场实际施工情况综合考虑。可预制的测量管道应集中加工，预制好的管段内部应清理干净，并及时封闭管口。

4. 如何选取测量管道的安装位置?

(1)首先应符合测量要求,并安装在便于操作和维修的位置,不宜敷设在有碍检修、易受机械损伤、腐蚀、振动及影响测量的位置。测量管道与仪表线路应分开敷设。

(2)应根据现场实际情况合理安排,不宜强求集中,但应整齐、美观、固定牢固,宜减少弯曲和交叉。当测量管道成排安装时,应排列整齐、美观,间距应均匀一致。

5. 如何对测量管道进行切割?

测量管道应用机械方法切割,切口表面应平整、无裂纹、重皮、飞边、毛刺、凸凹、缩口等,不得使用电、气焊切割。

6. 如何对测量管道进行弯制?

测量管道的弯制宜采用冷弯方法且应一次冷弯成型。高压钢管的弯曲半径宜大于管子外径的5倍;其他金属管的弯曲半径宜大于管子外径的3.5倍;塑料管的弯曲半径宜大于管子外径的4.5倍,弯制后,应无裂纹和凹陷。

7. 采用螺纹连接的测量管道施工时有哪些要求?

采用螺纹连接的管道,管螺纹密封面应无伤痕、毛刺、缺丝或断丝等缺陷,管螺纹应符合设计文件的规定。螺纹连接的密封填料应均匀附着在管道的螺纹部分;连接后,应将连接处外部清理干净。

8. 测量管道进行连接时有哪些注意事项?

测量管道连接时其轴线应一致。当采用卡套式接头连接时,安装和检验应符合产品技术文件的具体要求。测量管道与仪表连接时,不应使仪表承受机械应力。

9. 测量管道埋地敷设时有哪些要求?

测量管道埋地敷设时,应经试压合格和防腐处理后方可埋入，埋深应符合设计文件的规定。直接埋地的管道连接时应采用焊接，在穿越道路及进出地面处应加保护套管。

10. 制作测量管道支架有哪些要求？

制作支架时，应将材料矫正平直，切口处不应有卷边和毛刺。制作好的支架应牢固、平整、尺寸准确，并按设计文件要求及时除锈、涂防锈漆。

11. 安装测量管道支架有哪些要求？

(1)在允许焊接的金属结构上和混凝土构筑物的预埋件上，应采用焊接固定。在不允许焊接支架的管道上，应采用 U 形螺栓、抱箍或卡子固定。在混凝土上，宜采用膨胀螺栓固定。

(2)支架不应安装在高温或低温管道上。在有防火要求的钢结构上焊接支架时，应在防火施工之前进行。

(3)支架应固定牢固、横平竖直、整齐美观，在同一直线段上的支架间距应均匀。

12. 测量管道支架间距有哪些要求？

支架间距应符合表 2-4-1 的规定。

表 2-4-1　支架间距表

测量管道	支架间距/m	
	水平安装	垂直安装
钢管	1.0 ~ 1.5	1.5 ~ 2.0
铜管、铝管、塑料管及管缆	0.5 ~ 0.7	0.7 ~ 1.0

13. 不锈钢管测量管道如何固定？

不锈钢管固定时不应与碳钢材料直接接触，应采取防渗碳措施。仪表管道应采用管卡固定在支架上。

14. 测量管道引入仪表盘、柜、箱时对引入孔有哪些要求？

测量管道引入仪表盘、柜、箱时，其引入孔处应采取密封措施。

15. 测量管道安装前应具备哪些条件？

(1)工艺设备、管道上一次取源部件的安装经检查应满足测量管道的安装要求。

(2)仪表设备已安装就位，并检查合格。

(3)管子、管件、阀门按设计文件核对无误，阀门试验合格。

(4)测量管道的安装要求已明确。

16. 测量管道施工前要做哪些准备工作？

(1)测量管道安装方案图经过图纸审核已经下发到施工班组，方案已交底。

(2)现场安装条件满足测量管道安装方案图要求。

(3)施工工机具安全可靠，计量器具检验合格并在有效期内。

(4)测量管道和管阀配件已到现场库房，并已检验合格。

(5)工艺设备、管道上一次取源部件的安装经检查应满足测量管道的安装要求。

(6)焊工等施工人员具备相应的资质并持证上岗。

17. 测量管道敷设路径对长度有何要求？

测量管道在满足测量要求的前提下，敷设路径宜尽量短，且不宜大于15m。

18. 测量管道焊接前，为什么要将仪表设备与管路脱离？

测量管道焊接前，将仪表设备与管路脱离是为了避免焊接电流传入仪表设备表头内，损坏仪表设备。

19. 测量管道进行射线检测对管径有何要求？

一般情况下，外径小于25mm的测量管道不作射线检测。

20. 敷设无腐蚀性和黏度较小介质的测量管道有哪些要求？

(1)压力测量宜选用直接取压方式，测量液体压力时取压点宜高于变送器，测量气体时则相反。

(2)测量蒸汽或液体流量时，宜选用节流装置高于差压仪表的方案，测量气体流量时则相反。测量蒸汽流量安装的两只平衡容器，应保持在同一个水平线上，平衡容器入口管水平允许偏差为2mm。

(3)常压工艺设备液位测量管道接至变送器正压室，带压工艺设备液位测量时，下部取压管接至变送器正压室，上部与变送器负压室连接。

21. 测量管道水平敷设时对坡度有什么要求？

测量管道水平敷设时，应根据不同介质测量要求分别按(1:10)~(1:12)的坡度敷设，其倾斜方向应保证能排除气体或冷凝液，当不能满足要求时，应在管路集气处安装排气装置，集液处安装排液装置。

22. 测量管道在穿过墙体、平台或楼板时有哪些要求？

测量管道在穿过墙体、平台或楼板时，应安装保护管(罩)。管子接头不得放在保护管(罩)内。管道由防爆厂房或有毒厂房进入非防爆或无毒厂房时，在穿墙或过楼板处应进行密封。

23. 测量管道与高温工艺设备和管道连接时应注意哪些事项？

测量管道与高温工艺设备和管道连接时，应采取热膨胀补偿措施(增加膨胀弯)。

24. 测量差压用的测量管道对敷设环境温度有哪些要求?

测量差压用的测量管道正压管及负压管应敷设在环境温度相同的地方。

25. 测量管道与工艺设备、管道或建筑物表面之间的距离有什么要求?

测量管道与工艺设备、管道或建筑物表面之间的距离宜大于50mm。与工艺管道热表面的距离宜大于150mm,且不宜平行敷设在其上方。当工艺设备和管道需要隔热时,应加大距离。

26. 测量管道的焊接有哪些要求?

为保证测量管道的流通量和洁净度,测量管道的焊接应符合下列要求:

(1)测量管道焊接宜采用钨极氩弧焊,对接管道焊接必须采用钨极氩弧焊。

(2)承插焊时,其插入方向应顺着被测介质流向。

(3)螺纹接头采用密封焊时,不得使用密封带,其露出螺纹应全部由密封焊覆盖。

27. 测量管道的阀门安装前需要注意哪些事项?

测量管道安装阀门前,应按设计文件核对其规格、型号(包括垫片),并应按介质流向确定其安装方向,阀门安装位置应便于操作。安装前还需核对阀门的压力等级与工艺压力是否一致。

28. 测量管道上的阀门与管道连接时需要注意哪些事项?

当阀门与管道以法兰或螺纹方式连接时,阀门应处于关闭状态下安装;当以焊接方式连接时,阀门应处于开启状态,防止焊接时热膨胀损坏阀芯,造成内漏。

29. 压力测量取压方式有几种?

压力测量点取压方式随被测介质的性质不同,通常分为直接取压式、隔离取压式、吹洗取压式三种。

30. 压力测量直接取压方式适合测量哪种介质?

(1)压力测量时,如被测介质无腐蚀性,黏度又小,可采用直接取压式。

(2)直接取压式取压分为垂直管道上取压和水平管道上取压,其测量管敷设方式相同。垂直管道上取压如图2-4-1所示,水平管道取压点要求如图2-4-2所示。

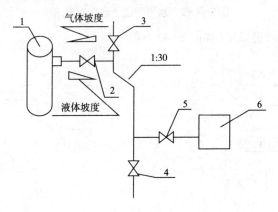

图2-4-1 垂直管道上取压

1—垂直管道或设备;2,5—切断阀;3—放空阀;
4—排污阀;6—压力变送器

31. 压力测量隔离取压方式适合测量哪种介质?

(1)压力测量时,如被测介质腐蚀性较强时,可采用隔离取压方式,即在取压点与测量管之间要加隔离器。

(2)如果隔离液比被测介质密度大时,隔离器设置成高进低出(如图2-4-3所示)。如果隔离液比被测介质密度小时,隔离

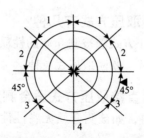

1.介质为气体测量管取压点上部90°夹角内；
2.介质为蒸汽测量管取压点在管中心水平线上45°夹角范围内；
3.介质为液体测量管取压点在管中心水平线下45°夹角范围内；
4.下方90°范围内为死区。

图2-4-2　水平管道上取压点要求

器设置成低进高出（如图2-4-4所示）。

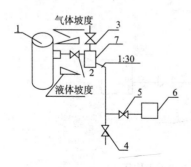

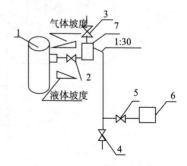

图2-4-3　隔离器高进低出

1—垂直管道或设备；2，5—切断阀；

3—放空阀；4—排污阀；

6—压力变送器；7—隔离器

图2-4-4　隔离器低进高出

1—垂直管道或设备；2，5—切断阀；

3—放空阀；4—排污阀；

6—压力变送器；7—隔离器

32. 不同介质的差压液位测量管线敷设时有哪些要求？

（1）如液体的挥发性很强，气相易凝成液体，则负压管应通过隔离器与容器相连。以保持变送器负压式有一个恒定的液柱。

(2)测量腐蚀性介质液位时，应在容器与测量管间加隔离器。

(3)如被测介质黏度比较大，则应敷设冲洗液管线。冲洗液管线上的单向阀不能装反。

(4)差压液位取压测量管一端接容器底部的，则其插入深度应大于50mm，以避免液体沉积物进入测量管堵塞。

33. 在水平管道上进行差压流量测量管道敷设时有哪些要求？

(1)测量液体流量时，仪表安装位置低于节流装置时，在水平管线上直接取压如图2-4-5所示。

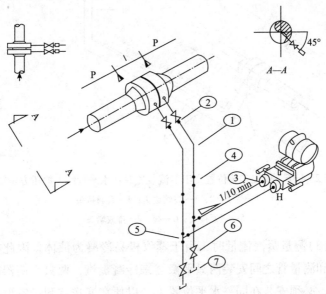

图2-4-5 仪表安装位置低于节流装置时在水平管线上取压方位图

1—管子；2，3—终端接头；4—直通接头；

5—三通接头；6—阀；7—排放堵头

(2)测量液体流量时，仪表安装位置高于节流装置时，则在测量管道最高点加装集气器，以排除测量管中可能存在的气体。测量管道安装如图2-4-6所示。

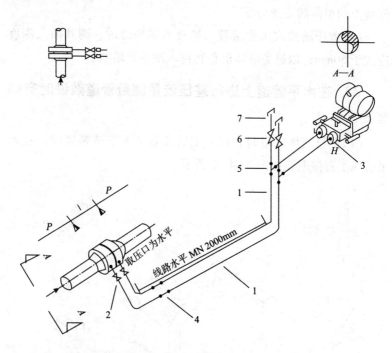

图2-4-6　仪表安装位置高于节流装置时在水平管线上取压方位图

1—管子；2，3—终端接头；4—直通接头；

5—三通接头；6—阀；7—排放堵头

（3）测量蒸汽流量时，由于蒸汽极易冷凝为液体，因此在取压点和测量管之间安装两只平衡器来冷凝蒸汽，两只平衡器在安装时，必须安装在同一水平位置上，以便在变送器测量室形成两个相等而稳定的测量液位。测量管道安装如图2-4-7所示。

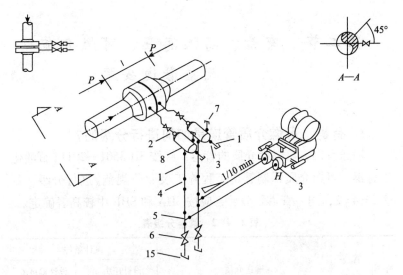

图2-4-7　测量蒸汽流量测量管道安装图

1—管子；2—短节；3—终端接头；4—直通接头；

5—三通接头；6—阀；7—排放堵头；8—冷凝罐

34. 在垂直管道上进行差压流量测量管道敷设时有哪些要求？

垂直管道上的测量管道的敷设方式与水平管线上基本相同。在被测介质为液体时取压点一次阀前取压管负压管向下倾斜，如图2-4-8所示；在被测介质为气体或蒸汽时正压管向上倾斜，如图2-4-9所示。

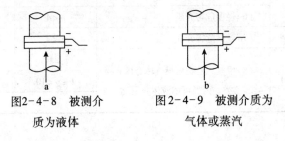

图2-4-8　被测介
质为液体　　　　　

图2-4-9　被测介质为
气体或蒸汽

第二节 有毒、高温高压、可燃介质测量管道安装

1. 有毒、可燃介质管道是如何进行分级的?

输送有毒、可燃性介质的管道,应按 SH 3501—2011《石油化工有毒、可燃介质钢制管道工程施工及验收规范》进行分级,见表 2-4-2,同一管道划分后,应按 SHA 和 SHB 中较高者确定。

表 2-4-2 管道分级表

序号	管道级别	输送介质	设计条件	
			设计压力 p/MPa	设计温度 t/℃
1	SHA1	(1)极度危害介质(苯除外)、光气、丙烯腈	—	—
		(2)苯、高度危害介质(光气、丙烯腈除外)、中度危害介质、轻度危害介质	$p \geqslant 10$	—
			$4 \leqslant p < 10$	$t \geqslant 400$
				$t < -29$
2	SHA2	(3)苯、高度危害介质(光气、丙烯腈除外)	$4 \leqslant p < 10$	$-29 \leqslant t < 400$
			$p < 4$	$t \geqslant -29$
3	SHA3	(4)中度危害、轻度危害介质	$4 \leqslant p < 10$	$-29 \leqslant t < 400$
		(5)中度危害介质	$p < 4$	$t \geqslant -29$
		(6)轻度危害介质	$p < 4$	$t \geqslant 400$
4	SHA4	(7)轻度危害介质	$P < 4$	$-29 \leqslant t < 400$
5	SHB1	(8)甲类、乙类可燃气体介质和甲类、乙类、丙类可燃液体介质	$p \geqslant 10$	—
			$4 \leqslant p < 10$	$t \geqslant 400$
			—	$t < -29$

续表

序号	管道级别	输送介质	设计条件	
			设计压力 p/MPa	设计温度 t/℃
6	SHB2	(9)甲类、乙类可燃气体介质和甲$_A$类、甲$_B$类可燃液体介质	$4 \leqslant p < 10$	$-29 \leqslant t < 400$
		(10)甲$_A$类可燃液体介质	$p < 4$	$t \geqslant -29$
7	SHB3	(11)甲类、乙类可燃气体介质、甲$_B$类可燃液体介质、乙类可燃液体介质	$p < 4$	$t \geqslant -29$
		(12)乙类、丙类可燃液体介质	$4 \leqslant p < 10$	$-29 \leqslant t < 400$
		(13)丙类可燃液体介质	$p < 4$	$t \geqslant 400$
8	SHB4	(14)丙类可燃液体介质	$p < 4$	$-29 \leqslant t < 400$

①常见的毒性介质和可燃介质参见 SH 3501—2011 的附录 A。

②管道级别代码的含义为：SH 代表石油化工行业、A 为有毒介质、B 为可燃介质、数字为管道的质量检查等级。

2. 有毒、可燃介质管道敷设前应对管子、管件进行哪些检查？

（1）管道敷设前应对管子、管件、阀门进行外观检查，并应符合下列要求：

①无裂纹、锈蚀及其他机械损伤；

②螺纹、密封面加工良好，精度符合设计文件要求。

（2）管道组成件应按相应标准进行表面质量检查和尺寸抽样检查，尺寸应符合制造标准，尺寸抽查数量应为每批 5%，且不少于一件。

（3）管路阀门安装前，应逐个对阀体进行液压强度试验，试验压力为公称压力的 1.5 倍，5min 无泄漏为合格。

（4）管路阀门阀座密封面应作气密试验，气密试验应按相关规定执行，并作好记录。

3. 有毒、可燃介质管道敷设时有哪些要求？

（1）SHA 级管道上的测量管道弯制时，宜选用壁厚有正偏差的管子。

（2）管子对接焊时，应清理管子内、外表面，在管端 20mm 范围内不得有油漆、毛刺、锈斑、氧化皮及对焊接有害的物质。

（3）$DN > 25$ 的高压测量管道焊口宜做射线检测。

（4）外径不大于 15mm 的高压管道可不进行表面无损检测，承插焊接部位应作渗透检测。

（5）管道组成件安装前，应检查其密封面，不得有影响密封性能的缺陷。选用的垫片、密封填料应符合设计文件要求，非金属垫片应平整光滑，边缘应切割整齐。

4. 安装高压螺纹法兰时有哪些要求？

（1）安装高压螺纹法兰时，应露出管端螺纹的倒角，安装透镜垫前应在管口及垫片上涂抹防锈脂（脱脂管道除外）。

（2）高压管、管件、阀门、紧固件的螺纹部分，应涂抹二硫化钼等防咬合剂，但脱脂管路除外。

（3）高压法兰螺栓拧紧后，螺栓宜露出螺母 2~3 扣。

5. 高压管道分支管路敷设时有哪些要求？

高压管道分支时，应采用与管道同材质的三通连接，不得在管道上直接开孔焊接。

6. 氧气管道连接时有哪些注意事项？

氧气管道的连接应采用焊接，但与设备、阀门连接处可采用法兰或螺纹。螺纹连接处应采用聚四氟乙烯薄膜作为填料，严禁用涂铅红的麻、棉丝或其它含油脂的材料。氧气管线从头至尾要有良好、不间断的接地。

7. 氧气管线、阀门及其管件的清洁度有何要求?

氧气管线、阀门及其管件在安装前其清洁度要达到以下要求:

(1)碳钢氧气管道、管件等应严格除锈,接触氧气的表面应彻底地清除毛刺、焊瘤、粘沙、铁锈和其它附着物,保持内壁光滑清洁,管道除锈时,以出现本色为止。

(2)氧气管线、阀门等与氧气接触的一切部件,安装前、检修后应进行严格的除锈、脱脂。脱脂可用无机非可燃清洗剂、二氯乙烷、三氯乙烯等溶剂,并应用紫外线检查法、樟脑检查法或溶剂分析法进行检查,直到合格为止。

8. 脱脂后的管道要进行哪些保护?

(1)脱脂后的管道冲入氮气封闭管口进行保护。脱脂后的管道组成件应采用氮气或空气吹净封闭,防止再污染,并应避免残存的脱脂介质与氧气形成危险的混合物。

(2)在安装过程中及安装后应采取有效措施,防止受到油脂污染,防止可燃物、铁屑、焊渣、砂土及其它杂物进入或遗留在管内,并应进行严格的检查。

9. 高压测量管道的弯制有何要求?

高压测量管线弯制时应冷弯并一次成型,不得反复弯制,其最小弯曲半径为管子外径的5倍。

10. 高压测量管道的焊接有何要求?

(1)焊工必须持有相应资格的证书,并经现场考试合格方可上岗焊接。

(2)管端应车削坡口或现场用砂轮机打磨坡口,坡口应为40°~50°,钝边为0.5~1mm,对口间隙为1.5~2mm。

第三节　分析取样管道安装

1. 分析取样管道施工前有哪些准备工作？

(1)现场安装条件满足测量管道安装方案图要求。

(2)施工机具安全可靠，计量器具检验合格并在有效期内。

(3)管子和管阀配件已到现场库房，并已检验合格。

(4)工艺设备、管道上一次取源部件的安装经检查满足安装要求。

(5)分析取样箱、分析小屋已按要求安装固定完毕。

(6)敷设前应先将管子、阀门、配件等清洗干净，有脱脂要求的需脱脂完毕。

2. 对分析取样测量管道的材质和连接方式有何要求？

一般情况下，分析取样测量管道的材质应选用奥氏体不锈钢，并应采用卡套式连接方式。若采用焊接方式，则要采用氩弧焊，焊接时管内要冲氩保护，管道安装完后要吹扫干净。

3. 安装分析取样测量管道时要注意哪些？

(1)分析取样管道应安排合理，安装路径宜尽量短，取样系统部件宜尽量少，以保证试样的正确传递和处理。

(2)分析取样管道应整齐布置，并应使气体或液体能排放到安全地点，有毒气体应按设计文件规定的位置排放。

(3)在分析仪入、出口处和试样返回线上应装截止阀，阀门流向应正确。

(4)分析取样系统应设置过滤器，系统应畅通无杂质。对固体含量高的试样回路，宜采用并联过滤器。

第四节　隔离与吹洗管道安装

1. 哪些介质应采用隔离方式进行测量？

(1)隔离是采用隔离液、隔离膜片使被测介质与仪表部件不直接接触，以保护仪表和实现测量的一种方式。

(2)对于腐蚀性介质，当测量仪表的材质不能满足抗腐蚀的要求时，为保护仪表，可采用隔离。对于黏稠性介质、含固体物介质、有毒介质，或在环境温度下可能汽化、冷凝、结晶、沉淀的介质，为实现测量，也可采用隔离。

2. 吹洗适用于哪些场合？

吹洗是利用吹气或冲液使被测介质与仪表部件或测量管线不直接接触，以保护测量仪表并实施测量的一种方法。包括吹气和冲液。吹气是通过测量管线向测量对象连续定量地吹入气体。冲液是通过测量管线向测量对象连续定量地冲入液体。两者的目的都是使被测介质与仪表部件不直接接触，达到保护仪表实现测量的目的。

3. 隔离与吹洗管道施工时需要注意哪些？

(1)隔离管道安装时，应在管线最低位置安装隔离液排放装置。吹洗管道阀门的安装位置应便于操作。

(2)对挥发性较强的液体、气相易凝的介质进行差压液位测量时，其气相测量管道应安装隔离器。

(3)吹洗管道安装时，先预制好吹洗阀的连接管段，再将其两端分别与吹洗液总管和测量管道连接。

4. 何种介质的压力测量采取反吹取压方式?

(1)如被测介质为晶体粉末状时,压力测量管道通常采用吹气法的方式进行敷设。

(2)测量管道敷设时,取压管向上倾斜45°左右,反吹风管经过转子流量计或限流孔板与测量管道垂直相连。吹气点应尽量靠近一次阀。

第五节　测量管道试验

1. 测量管道试压前必须具备哪些条件?

(1)全部仪表测量管道安装完毕且符合设计及有关规范规定,各种接头的垫片齐全,焊口全部焊接完毕,并且外观检查合格。

(2)配管按照施工方案图安装正确,孔板法兰与仪表正负压室连接正确,各类阀门的安装方向正确。

2. 测量管道试压前需作好哪些准备工作?

(1)安装完毕的仪表管道系统不得有漏焊、错接等现象。

(2)压力试验前,对不允许超压的仪表设备已隔离。

(3)试验前有冲洗和吹扫要求时,已完成冲洗和吹扫。

(4)试验所用的介质、工器具已准备完善。

3. 测量管道如何进行气压试验?

气压试验宜使用仪表空气或氮气,试验压力为设计压力的1.15倍,试验时应逐步缓慢升压,达到试验压力后,稳压10min,再将试验压力降至设计压力,停压5min,以发泡剂检验不泄漏为合格。

4. 测量管道如何进行液压试验?

液压试验应选用洁净水,试验压力为设计压力的 1.5 倍,当达到试验压力后,稳压 10min,再将试验压力降至设计压力,停压 10min,以压力不降、无渗漏为合格。试验后应及时将液体排净。管道材质为奥氏体不锈钢时,水的氯离子含量不得超过 25mg/L。环境温度低于 5℃时,应采取防冻措施,试验后立即将水排净,并应进行吹扫。

5. 测量管道如何进行泄漏性试验?

当工艺系统规定进行真空度或泄漏性试验时,仪表测量管道应随同工艺系统一起进行试验。

6. 压力试验过程中需要注意哪些事项?

(1)测量管道压力试验时,不得带变送器进行压力试验,应关闭变送器的切断阀,并打开变送器本体上放空针形阀或排放丝堵。

(2)压力试验过程中,若发现泄漏现象,应先泄压再作处理。处理后,应重新试验。

(3)压力试验合格后,在管道的另一端泄压,管道应畅通,拆除压力试验用的临时堵头或盲板。

(4)压力试验合格后,监理和建设单位相关人员在试验记录上签字确认。

第五章 仪表气源管道和信号管道的安装

第一节 气源管道

1. 仪表气源管道安装时需要注意哪些事项？

(1)气源管道的安装宜避开有碍检修、易受机械损伤、振动和腐蚀之处。

(2)气源管道应与工艺设备和管道之间保持一定的距离，对需要绝热的工艺设备和管道，应考虑其绝热层的厚度。

(3)水平干线管上的支线管引出口，应在干线管的上方，干线管上应留有备用接口。

(4)气源管道应采用管卡固定在支架上，固定应牢固。

2. 如何选取气源管道的管径？

气源管道的管径可根据普通供气点的数量确定，见表2-5-1，特殊供气点的供气点数，应由设计另行确定。

表2-5-1 供气系统配管管径选取范围

公称管径/mm	DN15	DN20	DN25	DN40	DN50	DN65	DN80
供气点数/个	1~5	6~15	16~25	26~60	61~150	151~250	251~500

3. 气源管道如何进行连接?

(1)气源管道应采用机械方法切割,切口表面应平整、无裂纹、重皮、毛刺、凸凹、缩口等。

(2)气源管道采用镀锌钢管时,应用螺纹连接,转弯处应采用弯头,且连接处应密封。缠绕密封带或涂抹密封胶时,不应使其进入管内。

(3)气源管道的螺纹加工应采用无油套丝设备进行,并应及时清除螺纹处的污物。

(4)气源管道直线距离较长或分支和弯头较多时,应适当加装活接头,便于管道拆卸。

4. 气源管道如何进行安装?

(1)气源管道的配管应整齐、美观,其末端和集液处应安装排污阀,排污管口应远离仪表、电气设备及接线端子。排污阀与地面之间应留有操作空间。

(2)未经集中过滤减压的气源进入仪表前,应加过滤减压装置,且应垂直安装。

(3)集中过滤减压时,减压装置前、后的气源管道上应装有压力表和安全阀,分散过滤减压时,在减压装置后应装压力表。

(4)安装流量较大的过滤减压装置应采用多路并联法。

第二节 气动信号管道

1. 气动信号管道一般情况下采用何种材质的管子?

一般情况下,气动信号管道应采用紫铜管(缆)、奥氏体不锈钢管或聚乙烯管、尼龙管。应用最普遍的是不锈钢管。

2. 气动信号管道施工前需要做哪些准备工作？

（1）气动信号管道、管缆敷设前，应进行外观检查，不得有明显的损伤，金属管道在安装前应进行校直。

（2）准备好合适管刀和弯管器。

3. 气动信号管道切割、弯制及连接时有哪些要求？

（1）气动信号管道应采用割管刀切割，切割带保护层紫铜管或尼龙塑料管时，应将保护层和管端切割整齐，并使管端露出保护层。

（2）金属气动信号管道弯制时，应用弯管器冷弯，且弯曲半径不得小于管子外径的 3 倍。弯制后，应无裂纹、凹陷、皱折、椭圆等现象。

（3）气动信号管道安装时，宜采用卡套式接头连接，并尽量避免接头。

（4）气动信号管道的安装路径宜短，配管应固定牢固、横平竖直、整齐美观，尽量减少转弯和交叉。

4. 气动信号管道施工对环境温度有哪些要求？

（1）气动信号管道应汇集成排敷设。

（2）敷设的管缆应避免热源辐射，其周围的环境温度不应高于 65℃。

（3）管缆敷设不宜在环境温度低于 0℃ 时进行，并应符合下列要求：

①敷设时防止机械损伤及交叉接触摩擦，外观不应有明显的变形和损伤；

②应留有适当的备用长度；

③弯曲半径应大于管缆外径的 8 倍；

④管缆的分支处应加接管箱或管缆盒。

第三节　气动管道的压力试验与吹扫

1. 气动管道的压力试验与吹扫要具备哪些条件?

气源系统主管和分支管路全部按照图纸施工完毕, 支架焊接固定, 支架间距合适。

2. 气动管道安装完毕后如何进行吹扫?

(1)吹扫前, 应将供气总管入口、分支供气总入口和接至各仪表供气入口处的过滤减压阀进口断开并敞口, 先吹总管, 然后依次吹各支管及接至各仪表的管道。

(2)吹扫气应使用压力为 0.5~0.7MPa 的仪表空气。

(3)排出的吹扫气应用涂白漆的木制靶板检验, 1min 内靶板上无铁锈、尘土、水分及其它杂物时, 即为吹扫合格。

(4)气源系统吹扫完毕后, 控制室气源、就地气源总管的入口阀和干燥器及空气储罐的入口、出口阀, 均应有"未经许可不得关闭"的标志。

3. 气动管道如何进行压力试验?

气动管道压力试验应采用干燥的仪表空气, 试验压力为设计压力的 1.15 倍, 试验时应逐步缓慢升压, 达到试验压力后, 稳压 10min, 再将试验压力降至设计压力, 停压 5min, 以发泡剂检验不泄漏为合格。

第六章 仪表伴热系统的安装

第一节 蒸汽、热水伴热

1. 什么是轻伴热?

伴热管线与仪表设备和测量管道之间应保持 1~2mm 的间距,可用橡胶石棉板等按约 200mm 的距离,在测量管道上螺旋缠绕一层。轻伴热一般适用于易汽化的介质或防冻伴热。轻伴热的伴热管道与测量管道之间应有间隔措施。

2. 什么是重伴热?

伴热管线紧贴仪表设备和测量管道敷设,一般适用于不易汽化且应保持一定温度的介质的伴热。重伴热的伴热管道与测量管道应紧密相贴。

3. 伴热管道的焊接有何要求?

(1)伴热管道的焊接由持有相应焊接合格资质证的焊工完成。

(2)宜采用氩弧焊焊接,焊材的选用严格按照焊接工艺评定执行。

4. 蒸汽伴热的供汽方式有几种?

供汽方式有分散供热和集中供热两种。蒸汽伴热的供汽系统,当供汽点分散时,宜采用分散供汽,如图 2-6-1(a)所示;

当供汽点较集中时，宜采用蒸汽分配器集中供汽，如图2-6-1（b）所示。

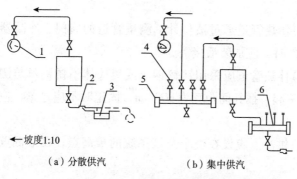

←坡度1:10

（a）分散供汽　　　（b）集中供汽

图2-6-1　蒸汽供汽示意图

1—供汽总管；2—疏水器；3—回水沟；4—蒸汽分支出口阀；
5—蒸汽分配器；6—回水总管

5. 蒸汽伴热回水系统回水方式有几种?

蒸汽伴热回水系统有分散回水和集中回水两种方式。蒸汽伴热回水系统应与供汽系统相对应，分散回水时，宜就近将冷凝液排入排水沟或回水管道；集中回水时，设回水总管或回水架，回水总管应比供汽管径大一级，并加止回阀。排入排水沟的回水管管端应伸入沟内，距沟底约20mm，形成水封作用。

6. 伴热管道的连接方式有几种?

一般情况下，有以下两种方式：

（1）伴热管道选用外径不大于13mm的紫铜管或奥氏体不锈钢管时，应采用卡套式连接。

（2）选用外径大于13mm的无缝钢管时，宜采用承插焊连接。

7. 伴热管道施工时要注意哪些事项?

（1）伴热管道应采用单回路供汽或供水，各分支管均应设切断阀，伴热系统之间不应串联连接。

（2）伴热管道应靠近取压阀或仪表，且不得影响操作、维护和拆卸。

（3）伴热管道通过液位计、测量管道的阀门、冷凝器、隔离器等附件时，应加装活接头。

（4）伴热管道应采用镀锌钢丝或奥氏体不锈钢丝与测量管道捆扎在一起，捆扎间距宜为 800mm，固定时不应过紧，应能自由伸缩。

（5）供汽点应设在整个蒸汽系统的最高点，在最低点设置排放阀。

（6）供汽管路应保持一定坡度，便于排出冷凝液。回水管路应保持一定坡度排污。

（7）供汽系统伴热管线的修理、补焊，应在停汽时和排除冷凝液后进行。

8. 疏水器应如何进行安装？

蒸汽伴热回水管道应在管线吹扫之后安装疏水器，并宜安装于伴热系统的最低处，疏水器应处于水平位置，方向正确，排污丝堵朝下。

9. 蒸汽伴热和热水伴热有哪些不同之处？

热水伴热的供水管道宜水平取压，接水点应在热水管的底部，伴热管的集气处，应有排气装置，回水系统不设疏水器，回水宜集中循环。蒸汽回水管道应安装疏水器。

10. 伴热管线如何进行试压？

伴热管线安装完后，应进行水压试验，液压试验应选用洁净水，试验压力为设计压力 1.5 倍，当达到试验压力后，稳压10min，再将试验压力降至设计压力，停压 10min，以压力不降、无渗漏为合格。试验后应及时将液体排净。管道材质为奥氏体不锈钢时，水的氯离子含量不得超过 25mg/L。环境温度低于 0℃ 时，应采取防冻措施，试验后立即将水排净，并应进行吹扫。有条件时，可用伴热蒸汽进行系统吹扫试压，通入蒸汽时应逐渐加量，缓慢加热。

第二节　电伴热

1. 电伴热有哪些类型？

常见的电伴热有自限式电伴热、恒功率电伴热和串联电伴热。

2. 什么是自限式电伴热？

自限式电伴热是一种具有正温度特性的可自调控的并联型电伴热带，即当被伴热物体温度升高时，导电塑料膨胀，电阻增大，输出功率下降；反之，当物体温度下降时，导电塑料收缩，电阻减小，输出功率增加。

3. 什么是恒功率电伴热？

恒功率电伴热由两根平行绝缘铜线作为电源母线，在内绝缘层上缠绕电热丝，并将电热丝每隔一定距离与母线连接，形成并联电阻，母线通电后，各并联电阻发热，形成一条连续的加热带。

4. 什么是串联电伴热？

串联电伴热是一种由电缆芯线作发热体的电伴热带，即在具有一定电阻的芯线上通过电流，芯线就发出热量。发热芯线有单芯和多芯两种。由于芯线单位长度的电阻和通过的电流在整个长度上是相等的，因而各处的发热量相同。

5. 仪表电伴热一般采用哪种类型？

仪表及其测量管道的电伴热一般选用恒功率电伴热。露天安装的仪表保温箱内的电伴热采用电热管。

6. 电伴热系统由哪些部分组成？

电伴热系统一般由配电箱、控制电缆、电伴热带及其附件组成。附件包括电源接线盒、中间接线盒(二通或三通)、终端接线盒及温控器。

7. 电伴热安装前需要做哪些准备工作？

电伴热设计图纸经过图纸审核已下发到施工班组。电伴热用的器材应有质量证明文件。用于爆炸危险环境的电伴热带及附件应符合设计规定。

8. 伴热电缆应如何进行敷设？

伴热电缆应均匀敷设，伴热电缆可缠绕在管道及设备上，也可与管道及设备平行。平行安装时电伴热带宜紧贴管道下方。管道法兰连接处易发生泄漏，缠绕电伴热线带时，应敷设在管道正上方。每隔100mm用专用尼龙扎带固定，严禁用金属丝绑扎。在管道弯曲、分支处应增加固定点。当伴热电缆使用缠绕法时，缠绕间距应根据电伴热带的功率与管道单位长度散热量之比确定。

9. 伴热电缆安装前应做哪些检查？

(1)伴热电缆安装前应进行外观和绝缘检查。外观应无破损、扎孔和缺陷，用500V兆欧表测试其绝缘电阻值不应小于1MΩ。

(2)敷设电伴热线时，不应损坏绝缘层，敷设后应复查电伴热线的绝缘电阻值并进行导通试验。每个电伴热回路的测试结果应有记录和报告。

10. 敷设伴热电缆时有哪些注意事项？

(1)敷设伴热电缆时，不在地面上拖拉，以免被锋锐物损坏绝缘层；不与高温物体接触，防止电焊熔渣溅落到伴热电缆上。

(2)伴热电缆不允许硬折，需要弯曲时，弯曲半径不得小于伴热电缆厚度的6倍。伴热电缆严禁用重物硬砸，如被砸，应重新进行电气测试，合格后才能使用。

(3)伴热电缆应与被伴热管道(或设备)贴紧并固定，以提高伴热效率。非金属管道应在管外壁与伴热电缆之间贴一层铝胶带，用来增大接触传热面积。

(4)伴热电缆有特殊温度要求时，应安装专用的温控器。仪表箱内的电热管、板应安装在仪表箱的底部或后壁上。

(5)恒功率电伴热带安装时，严禁交叉或叠绕，若螺旋缠绕时，至少应有10mm以上的间隙，以免交叉处过热，影响产品的正常使用寿命。

(6)电伴热带安装后，要严禁电焊、气焊在附近动火，防止火花、熔渣损伤电伴热带。

(7)多根伴热电缆的分支应在分线盒内连接，在伴热电缆接头处及伴热电缆末端均应涂刷专用密封材料。

11. 电伴热投用前需要进行哪些检验工作？

(1)电伴热投用前复查电伴热线的绝缘电阻值并进行导通试验。

(2)伴热系统的电气测试正常后，可进行试送电(在配电箱侧检查测试时，应注意温控器的触点必须处于"闭合"状态)。试送电时，先将温控器调整在物料维持的平均温度上，然后通入额定电压，逐段检查发热情况及各电器参数是否正常。送电时间一般为2h。

(3)电伴热系统全部通电试验合格后，应进行保温。保温施工结束后，再重新测试、送电，连续运行 8h。

12. 伴热电缆电气连接时有哪些要求?

电缆一端接入电源，另一端的线芯不得短路或与导电物质接触，必须用配套的封头严密套封；在需要防爆的场合应使用配套的防爆接线盒；护套不得损坏，芯带不得裸露；多根伴热电缆的分支应在分线盒内连接，在伴热电缆接头处及电伴热线末端均应涂刷专用密封材料。

第七章 接地工程

1. 仪表接地的种类有几种？

主要有保护接地、仪表工作接地（包括本质安全系统接地、仪表信号回路接地、屏蔽接地）、防静电接地和仪表防雷接地等。

2. 哪些自控设备需要进行接地？

通常需要进行接地的自控设备有仪表盘、仪表柜、仪表箱、DCS/PLC/EDS 的机柜和操作站、仪表供电设备、电缆桥架、穿线管、接线盒及铠装电缆的铠装层，以及控制室内的防静电地板。

3. 仪表保护接地属于何种接地？

保护接地是为人身安全和电气设备安全而设置的接地（也称为安全接地）。仪表的保护接地与电气专业的保护接地是完全一样的，属于低压配电系统接地。

4. 哪些情况需要进行保护接地？

用电电压高于 36V 以上仪表的外壳、仪表盘、柜、箱和电缆桥架、电缆导管、支架、底座等金属部分，均应进行保护接地。

5. 哪些情况可不进行保护接地？

（1）用电电压不高于 36V 时，可不进行保护接地。一般来讲，使用 DC24V 为电源的现场仪表、变送器等无特殊要求的可不进行保护接地。

（2）在非爆炸危险区域的金属盘、板上安装的按钮、信号灯、继电器等小型低压电器的金属外壳，当与已接地的金属盘、板接触良好时，可不进行保护接地。

6. 哪些情况可重复接地？

在建筑物上安装的电缆桥架及电缆保护管，可重复接地。

7. 哪几种类型接地可以接至工作接地汇流排？

信号及屏蔽接地汇流排、本安接地汇流排可以通过各自的接地线接至工作接地汇流排。

8. 接地线的绝缘护套选用哪种颜色？

接地线的绝缘护套颜色应选用黄、绿相间色或绿色。

9. 仪表接地电阻值应符合什么规定？

（1）仪表系统保护接地电阻值宜为 4Ω，最高不宜超过 10Ω。

（2）当设置有防雷系统时，接地电阻不应大于 1Ω。

（3）工作接地和屏蔽接地应小于 10Ω，DCS、PLC 系统工作接地电阻应小于 4Ω。

10. 如何用 ZC-8 型接地电阻测试仪测试接地电阻？

（1）ZC-8 型接地电阻测试仪适用于测量各种电力系统、电气设备、避雷针等接地装置的电阻值。亦可测量低电阻导体的电阻值和土壤电阻率。

（2）测量接地电阻值时，仪表上的 E 端钮接 5m 导线，P 端钮接 20m 导线，C 端钮接 40m 导线，导线的另一端分别接被测物接地极 E′，电位探棒 P′和电流探棒 C′，且 E′、P′、C′应保持直线，其间距为 20m。测量大于等于 1Ω 接地电阻时接线方式如图 2-7-1 所示，将仪表上 2 个 E 端钮连接在一起；测量小于 1Ω 接地电阻时接线方式如图2-7-2所示,将仪表上2个E端钮导线分别连接到被测接地体上,以消除测量时连接导线电阻对测量结果引入的附加误差。

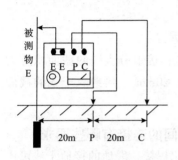

图2-7-1 大于等于1Ω接地
电阻的接线方式

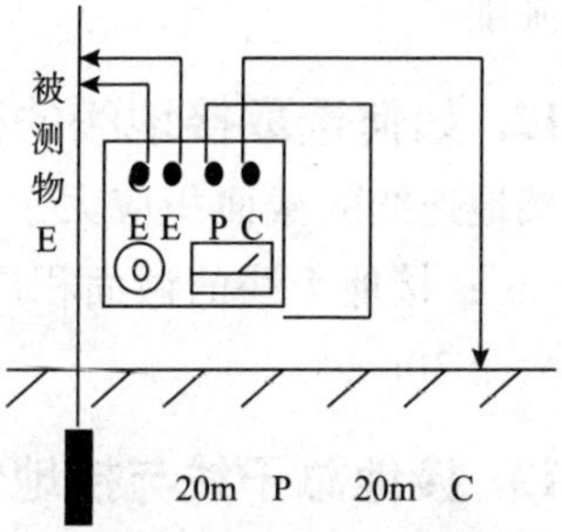

图2-7-2 小于1Ω接地电阻
的接线方式

(3)操作步骤如下:

①仪表端所有接线应正确无误。

②仪表连线与接地极 E′、电位探棒 P′和电流探棒 C′应牢固接触。

③仪表放置水平后,调整检流计的机械零位,归零。

④将"倍率开关"置于最大倍率,逐渐加快摇柄转速,使其达到150r/min。当检流计指针向某一方向偏转时,旋动刻度盘,使检流计指针恢复到"0"点。此时刻度盘上读数乘上倍率档即为被测电阻值。

⑤如果刻度盘读数小于1时,检流计指针仍未取得平衡,可将倍率开关置于小一档的倍率,直至调节到完全平衡为止。

⑥如果发现仪表检流计指针有抖动现象,可变化摇柄转速,以消除抖动现象。

11. 接地线的敷设方法及需注意的问题有哪些?

现场仪表桥架、电缆导管应每隔30m用接地线与已接地的金属构件相连。特别要指出的是，现场接地绝不能利用储存、输送可燃性介质的金属设备、管道以及与之相连的金属构件进行接地。控制室的仪表自控设备、机柜、仪表盘等应单独设置保护接地汇流排。

12. 如何选取接地线的截面积？

接地连线的截面积应大于 $2mm^2$；接地分支线的截面积应大于 $6mm^2$；接地干线的截面积应大于 $20mm^2$；接地总干线的截面积应大于 $30mm^2$。

13. 接地总干线与接地体之间的连接有哪些要求？

接地总干线与接地体之间应采用焊接。埋地的接地干线可用有效截面积相同的热镀锌扁钢或圆钢进行焊接。接头可采用搭接，搭接长度扁钢为宽度的 2 倍，圆钢为直径的 6 倍。接地板之间的距离应大于 5m，接触应良好，连接应牢固，焊接处应作防腐处理。

14. 控制室/机柜室内的接地线如何敷设？

控制室/机柜室的接地线分保护接地和工作接地，两者必须分开独自连接到保护接地汇流排和工作接地汇流排上，敷设接地线时，一定要把电缆位号和接地类型在接地线两头做好标识。接地线压接时一定要先确定好盘柜上保护接地和工作接地的位置后再接。

15. 控制室/机柜室内仪表系统接地有何要求？

（1）仪表盘、柜、箱内各回路的各类接地，应分别由各自的接地支线引至接地汇流排或接地端子板。控制室/机柜室仪表系统接地一般要求分开设置保护地和工作地汇流排，通过接地总干线汇至仪表接地总汇流排，总汇流排连接至电气低压接地网。各接地支线、汇流排或端子板之间在非连接处应彼此绝缘。

（2）仪表及控制系统应作工作接地，工作接地包括信号回路接地和屏蔽接地以及特殊要求的本质安全接地，接地系统的连接方式应符合设计文件的规定。虽然工作接地和保护接地最终是连接在一起的，但这两类接地应分别连接汇总，不应混接。

16. 控制室/机柜室内接地线和汇流排如何连接？

接地连线应采用多股绞合铜芯绝缘电线或电缆，采用镀锌或铜螺栓连接，接地汇流排应使用铜材，并由绝缘支架固定。各类接地连接导线两端应采用镀锡铜端子压接，接线端子要采用合适的专用工具压接，汇流排上的紧固螺栓采用镀锡铜螺栓或不锈钢螺栓，连接紧固螺栓直径不小于8mm，平垫和弹簧垫必须齐全。

17. 控制系统接地有哪几种？

控制系统对接地的要求要远高于常规仪表。分为本质安全接地、系统直流工作接地、交流电源的保护接地和安全保护接地等。

18. 控制系统工作接地有哪几种？

仪表及控制系统工作接地应包括信号回路接地和屏蔽接地，以及特殊要求的本质安全电路接地，接地系统的连接方式和接地电阻值应符合设计文件的规定。

19. 控制系统对接地系统的接地方式和接地电阻有何要求？

由于各类计算机控制系统的制造厂家和工程设计单位对接地系统的接地方式和接地电阻的规定不尽相同，对接地极的独立设置或公用的规定也不相同，因此接地系统施工应按工程设计文件的规定进行。根据电气等电位连接原则，仪表与控制系统，包括综合控制系统的接地，应与电气系统的接地装置作等电位连接。

20. 控制系统防雷措施有哪些？

（1）外部保护措施，将绝大部分雷电流直接引入大地泄散，防止损坏仪表控制系统。

（2）内部保护措施，防止沿电源线、数据线、信号线侵入的雷电波危害设备；内部防雷装置的主要技术措施是屏蔽、分流、等电位、接地、合理布线、重要设备的安放位置等，用来减小和防止雷电流在需防护空间所产生的电磁效应。

（3）过电压保护措施，限制被保护设备上的雷电过电压幅值。

（4）当仪表及控制系统的信号线路从室外进入室内后，设有雷电浪涌防护器或其他需要防雷接地连接的场合，应实施防雷接地连接。控制室内的雷电浪涌防护器应与防雷电浪涌的接地装置相连；现场仪表的雷电浪涌防护器应与现场的接地装置相连。

21. 控制系统接地有防干扰要求时电缆应如何接线？

当控制系统接地有防干扰要求时，多芯电缆中的备用芯线应在一点接地，屏蔽电缆的备用芯线与屏蔽层应在同一侧接地。将电缆备用芯线都在一点接地，就可以不使备用芯线起到天线的作用，从而减少干扰与雷击的可能性。

22. 本质安全接地有哪些要求？

本质安全电路本身除设计文件有特殊规定外，不应接地。当采用二极管安全栅时，其接地应与直流电源的公共端相连。

23. 仪表电缆的屏蔽接地应如何处理？

仪表电缆的屏蔽层应在控制室仪表盘柜侧单端接地（如图2-7-3所示），现场仪表端电缆的屏蔽层不得露出保护层外，同一回路的屏蔽层应具有可靠的电气连续性，不应浮空或重复接地。

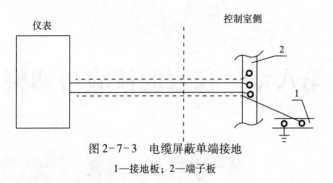

图2-7-3　电缆屏蔽单端接地

1—接地板；2—端子板

24. 仪表电缆的屏蔽接地有哪些要求？

（1）电缆的屏蔽层应作屏蔽接地。同一信号回路，同一屏蔽层应该单点接地。

（2）在强雷击区，室外架空不带屏蔽的普通多芯电缆，备用芯线应接地。主要是为了避免雷电在信号线路感应出高电压。

（3）现场接线箱内，端子两侧的电缆屏蔽线应在箱内进行跨接。

（4）铠装电缆两端铠装接保护地，铠装层与屏蔽层绝缘，屏蔽层按一般屏蔽电缆单端接地。

第八章　仪表的校验与调整

第一节　一般规定

1. 仪表调试前应进行哪些方面的准备及检查工作？

仪表调试前需进行的准备及检查工作有：审图、仪表设备资料的整理及熟悉、筹建标准校验间及仪表存放仓库、准备施工机具及标准设备、人员调试资质及标准仪表的报验、仪表设备的入库及材料备件的检查。

2. 对应校验项目的质量指标有哪些规定？

按照规程规定，应校验项目其质量指标不得低于相应产品专业标准、设计文件规定以及产品说明说中的规定。

3. 如何设置仪表调试校验间？

对于仪表调试间应保持室内清洁、干燥、安静、光线充足、通风良好、无振动和较强电磁场的干扰；室内温度应保持在 10～35℃之间，相对湿度不大于 85%；有良好的上下水设施；校验间布局应合理，办公区域、工作区域、待校仪表存放区、单校合格仪表存放区、不合格区、标准设备及工具存放区应划分合理。

4. 仪表调试所用电源应符合什么标准？

仪表试验用的电源电压应稳定。宜配置交流稳压器，交流电源及 60V 以上的直流电源电压波动不应超过 ±10%，60V 以下的直流电源电压波动不应超过 ±5%。

5. 仪表试验用气源有何要求？

仪表试验用气源应清洁干燥，气源压力稳定。

6. 调试用标准仪表有何要求？

调试所用的标准仪表、仪器必须经过国家计量部门的检定，且具备有效的计量检定合格证，使用期不超过检定证所注明的有效期限。标准表的精度最低限度要比被校仪表精度高 1~2 级、基本误差的绝对值不宜超过被校仪表基本误差绝对值的 1/3。

7. 仪表调试人员应具备哪些条件？

仪表调试人员应持有有效的资格证书，且资格证书在有限期限内。调试人员具有良好的审阅图纸及相关资料的能力，熟悉各种仪表的工作原理，具备熟练使用调试设备的技能。未经考核合格的校验人员不得单独进行调试方面的工作。

8. 仪表单体调试前应做哪些检查？

(1) 仪表外观完整无损，铭牌、端子接头附件等应齐全。

(2) 调校用连接线路、管路应正确可靠。

(3) 电气部分的绝缘电阻不应小于 5MΩ。

(4) 电源和气源压力应与被校仪表相符，气源应经过干燥、过滤。

9. 仪表单体调试前应做哪些准备？

(1) 选取符合被校仪表适用的标准表及相关调试设备。

(2) 准备好被校仪表的说明书、设计规格书等相关资料以及 SH/T 3543 相关记录表格。

(3) 选用的工具规格要适当，以防损坏仪表部件。

（4）对于是停检点、质量控制点的仪表要提前挑出作好准备工作，通知监理、建设单位等相关部门作相应的检查。

10. 现场不具备单体调试条件的仪表应做哪些检查？

对于现场不具备单体调试条件的仪表，生产厂家应提供各种在厂试验的数据报告等，可不做精度校验，只对其鉴定合格证明的有效性进行验证。

11. 有特殊要求的仪表校验时应注意哪些问题？

对于设计文件有特殊要求的仪表如禁油、脱脂等仪表，在校准和试验时，应按照特殊仪表的规定进行操作，防止仪表污染。如需单校的禁油变送器或压力表，应用气压泵进行加压单校，且气压泵腔体内无油。

12. 仪表单校调整后应达到哪些要求？

（1）基本误差应符合该仪表精度等级的允许误差。变差应符合该仪表精度等级的允许误差。仪表零位正确，偏差值不超过允许误差的1/2。

（2）指针在整个行程中应无抖动、摩擦和跳动现象。数字显示表无闪烁现象。

（3）电位器和可调节螺丝等可调部件在调校后应留有再调余地。

13. 存放设备材料备件的仓库有哪些要求？

对于到达现场的设备材料备件的存放仓库，应根据现场和设备器材的具体情况设立敞棚、仓库或保温仓库，防止设备器材的丢失、损伤、腐蚀、变形和变质。

第二节　温度检测仪表

1. 热电阻/热电偶单体调试如何进行？

根据 SH/T 3521 和 SH/T 3551 的规定，热电阻/热电偶可在常温下对元件进行通、断、绝缘检测，不必进行热电性能的试验，但应对其鉴定合格证明的有效性进行验证。如果热电偶、热电阻配套的温度仪表有断路保护要求时应进行断路保护试验。同时要根据设计规格书的要求对精确度、测量范围及分度号进行检查。其套管直径及插深应符合设计要求，避免安装时造成安装不上及安装后插深不合适、测量温度不准确的情况出现。仪表法兰磅级及材质要符合设计规定。并根据 SH/T 3543 填写过程记录表格，填写数据应真实准确，调校人、专业工程师、质量检查员签字要真实，相关人员需具有资质并且资质在有效期内。

2. 常见热电阻按分度号分类有哪几类？

热电阻按分度号来区分通常有：Cu50(铜热电阻)，温度测量范围为 −50 ~ 150℃；Cu100(铜热电阻)，温度测量范围为 −50 ~ 150℃；Pt10(铂热电阻)，温度测量范围为 −200 ~ 850℃；Pt100(铂热电阻)，温度测量范围为 −200 ~ 850℃。

3. 常见热电偶按分度号分类有哪几类？

热电偶按分度号来区分通常有：S 型热电偶(铂铑 10 − 铂)，温度测量范围为 −50 ~ 1768.1℃；R 型热电偶(铂铑 13 − 铂)，温度测量范围为 −50 ~ 1768.1℃；B 型热电偶(铂铑 30 − 铂铑 6)，温度测量范围为 0 ~ 1820℃；K 型热电偶(镍铬 − 镍硅)，温度测量范围为 −270 ~ 1372℃；N 型热电偶(镍铬硅 − 镍硅)，温度测

量范围为 – 270 ~ 1300℃，E 型热电偶（镍铬 – 铜镍合金），温度
测量范围为 – 270 ~ 1000℃；J 型热电偶（铁 – 铜镍合金），温度测
量范围为 – 210 ~ 1200℃；T 型热电偶（铜 – 铜镍合金），温度测
量范围为 – 270 ~ 400℃。

4. 热电阻按结构可分为哪几种？

热电阻按结构可分为普通热电阻和铠装热电阻两种。普通热
电阻由感温元件、内引线、保护套等几部分组成。铠装热电阻由
电阻体、引线、绝缘粉末及保护套管整体拉制而成。

5. 热电阻与测温仪表之间的连接方式有几种？

热电阻与测温仪表之间的连接方式分别有两线制、三线制
（一正两负）和四线制（两正两负）三种。

6. 热电阻的测温原理是什么？

热电阻是基于电阻的热效应进行温度测量的，即电阻体的阻
值随温度的变化而变化的特性。因此，只要测量出感温热电阻的
阻值变化，就可以测量出温度。

7. 热电偶的测温原理是什么？

两种不同成分的导体两端接合成回路，当接合点的温度不同
时，在回路中就会产生电动势，这种现象称为热电效应，这种电
动势称为热电势。热电偶就是利用这种原理进行温度测量的。其
中，直接用作测量介质温度的一端叫作工作端（也称为测量端），
另一端叫作冷端（也称补偿端），冷端与显示仪表或配套仪表连
接，显示仪表会指出热电偶所产生的热电势。

8. 热电阻常见故障及处理措施有哪些？

热电阻的常见故障是热电阻断路和短路，处理方法有以下
几种：

(1)如果显示仪表指示无穷大，热电阻或引出线断路及接线端子松动，需更换电阻体或焊接及拧紧接线端子螺丝；

(2)如果显示仪表指示值比实际值低或示值不稳定，保护套管内有金属屑、灰尘，接线柱间脏污及热电阻短路(积水等)。除去金属屑，清扫灰尘、水滴，找到短路点并加强绝缘可解决；

(3)显示仪表指示负值，说明显示仪表与热电阻接线有错，或热电阻有短路现象，通过改正接线、找出短路处加强绝缘可处理；

(4)阻值与温度关系有变化，说明电阻丝材料受腐蚀变质，需更换热电阻。

9. 热电偶常见故障及处理措施有哪些？

(1)热电势比实际值小(显示仪表指示值偏低)：可能原因为热电极短路，找出短路原因并作好绝缘；热电偶接线柱积灰造成短路，清扫积灰；补偿导线间短路，找出短路点，加强绝缘或更换补偿导线；热电极氧化变质，长度允许时剪去变质段，重新焊接或更换；补偿导线与热电偶极性接反，需调整接线；补偿导线与热电偶型号不配套，更换与热电偶同型号的补偿电缆；显示表组态分度号不正确，修改显示仪表组态分度号与热电偶一致；热电偶安装位置不当或插入深度不符合要求，按规定重新安装。

(2)热电势比实际值大(显示仪表指示值偏高)：补偿导线与热电势不配套，更换配套补偿电缆；显示仪表组态分度号不正确，修改显示仪表组态分度号与热电偶一致；存在直流干扰信号，找到干扰源并消除直流干扰信号。

(3)热电势输出不稳定：热电偶接线柱与热电极接触不良，紧固接线端子；热电偶测量线路绝缘破损而引起断续短路或接地，找出故障点恢复绝缘。

10. 双金属温度计/压力式温度计调试如何进行?

(1)双金属温度计在调试前要做相应的外观检查,其仪表本身应完好无损,无腐蚀现象。

(2)带有法兰连接的法兰尺寸及磅级应符合设计文件的规定;插深及直径符合设计要求。

(3)测量范围及精确度应符合设计要求。

(4)根据 SH/T 3521 和 SH/T 3551 之规定,双金属温度计应进行示值校验不得少于两点,若有一点不合格则作为不合格处理。

(5)对于工艺有特殊要求的温度计应作四个刻度点的校验。

(6)有条件最好作零点检查,将温度计感温部分插入冰水混合物中,与标准温度计相比较,检查零点指示。若无条件,也可作室温检查,方法是:将标准温度计同被校温度计置于同一环境温度的地方(最好在室内),稳定一段时间后,与标准温度计指示值相比较,计算出误差值。零点和室温校好后,将标准温度计插入到水浴或温度校验器(或加热炉)中,分别加热到量程的50%、100%,与标准温度计指示值相比较,其基本误差及变差应符合精度要求。

(7)调试过程中填写 SH/T 3543 过程记录表格,填写内容应真实有效。

11. 双金属温度计常见故障及处理措施有哪些?

对于就地指示双金属温度计来说,常见的故障及处理措施如下:

(1)指针不随温度变化而改变:说明双金属温度计的内部部件有损坏,此时需要更换双金属温度计;

(2)温度测量不准确:双金属温度计精度不符合设计需要或安装时插入深度不正确,精度达不到设计要求时需更换温度计,由于安装不当造成的测量不准确可以通过检查插入深度并重新按设计要求安装予以解决。

12. 温度变送器及一体化温度变送器调试如何进行?

（1）温度变送器及一体化温度变送器，在调试前应先检查外观是否良好，有损坏的要返厂维修或更换。

（2）校验时先连接好线路（如图 2-8-1 所示）并检查无误送电后，用通讯器检查变送器的各项组态参数（如组态量程、分度号、线制等）是否符合设计要求，若组态参数与设计文件不一致，以设计参数为准，通过手操器修改组态参数。

（3）通过温度信号发生器依次发送 0%、25%、50%、75%、100%的温度信号进行 5 点校验（上行、下行各五点），并通过标准电流测量设备读取电流输出值，计算误差和回差，看是否符合设计精度要求，如有偏差需通过通讯器进行修正，修正后再次进行精度检查，并根据 SH/T 3543 过程记录表格填写调试记录，对于达不到精度要求的仪表予以上报并更换。

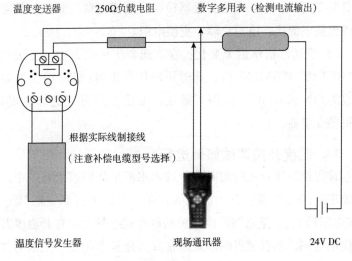

图 2-8-1　线路连接图

13. 温度变送器常见故障及处理措施有哪些？

（1）温度变送器显示值（或标准表电流输出）与给定值不一致（偏大、偏小或不稳定）：可能引起的原因为变送器组态选择的信号类型（如：Pt100、K、S 等）与标准表给定时选择类型不一致，此时需根据设计规格书更改变送器组态类型；标准表选择使用的补偿导线与实际变送器组态的型号类型不一致，需更换标准表的补偿导线与变送器的组态类型一致；补偿导线与变送器极性接反，需更改接线使其极性相对应；有直流干扰信号进入，需排除直流信号干扰；标准表与变送器间接线松动引起显示不稳定，需紧固接线。

（2）送电后温度变送器显示屏无显示：电源正负线与对应变送器接线柱位置接反，需更改接线使其对应；变送器有正确电流输出屏幕无显示时可确定为显示屏损坏，需更换显示屏；变送器无电流输出屏幕无显示，可判断为变送器传感器部分损坏，此时需更换变送器；电源线与变送器接线虚接或电源线断路，紧固接线或更换电源线；电源故障，更换电源。

（3）变送器指示值无变化：在变送器工作状态中，变送器处于"OUT OF SERVICE"位，此时用现场通讯器（475）把变送器组态改为"IN SERVICE"位即可解决；温度变送器变送部分损坏，需更换变送器。

14. 温度开关调试如何进行？

首先把温度开关的测温部分放入水浴加热器或干井炉中，把电源正确的接到温度开关的接线柱上，万用表打到"通、断"档（或电阻档），表笔接到温度开关的触点接线柱上，打开温度开关的供电电源，检查触点的形式是常开点还是常闭点。用水浴加热器或干井炉给温度开关的测温部分升温，加热到设计规格书所要求温度动作点的临近值，再小幅度慢慢升温（或降温），检查温度到达设计值时，温度开关触点是否转换（如规格书要求动作点为高报警50℃时，可用先加温到49.5℃然后再慢慢升温到50℃），如果触点不转换可通过调节温度开关上的旋钮调整温度动作点，使其在设计温度值允许范围内正确转换并记录触点转换时对应的温度值，然后慢慢降温（或升温），等触点恢复原状态时记录温度触点的恢复值，并根据SH/T 3543作好相应的开关调试记录。

15. 温度开关常见故障及处理措施有哪些？

常见故障是到达温度设定点触点不动作，处理方法有：

（1）温度开关温度动作点设置不正确，可以通过调节旋钮重新设置温度动作点；

（2）测温部分损坏，温度加热时开关部分检测不到实际加热温度，可通过检查测温部分是否损坏并予以更换测温元件来处理；

（3）温度开关损坏，如果通过检查测温部分完好，则需更换温度开关；

（4）如果通过多次加热发现温度开关动作值对应温度差别较大，则说明开关灵敏度存在问题。若温度开关上有灵敏度调节旋钮，可以通过调节灵敏度旋钮予以纠正；若没有调节灵敏度的部件则必须更换温度开关。

第三节　压力检测仪表

1. 压力测量的原理与方法是什么？

（1）根据压力的定义直接测量单位面积上受力的大小。依据这一原理测量压力的方法有 U 形管压力计(用液柱本身的重力去平衡被测压力,通过液柱的高低读出压力值)、活塞式压力计(靠砝码平衡被测压力,通过砝码的重量得出压力值)等。此方法简单、直观。

(2)利用压力作用于物体后所产生的各种物理效应来实现压力测量。依据这一原理测量压力的方法主要有应变式、霍尔式、电感式、压电式、压阻式、电容式等。

①压电式压力传感器是根据"压电效应"原理把被测压力变换为电信号的。当某些晶体沿着某一个方向受压或受拉发生机械形变(压缩或伸长)时,在其相对的两个表面上会产生异性电荷。当外力去掉后,它又重新回到不带电的状态,此现象称为"压电效应"。常用压电材料有压电晶体和压电陶瓷。

②压阻式压力传感器是利用半导体材料(单晶硅)的电阻率随压力变化而变化的特性,即"压阻效应"制成的。

③应变式压力传感器是一种通过测量各种弹性元件的应变来间接测量压力的传感器。

④电容式压力传感器是利用平行板电容电容量随极板距离改变而改变的原理制成,用测量电容的方法测出电容量,从而实现电容 – 压力的转换。

⑤谐振式压力传感器是靠被测压力所形成的应力改变弹性元件的谐振频率,经过适当的电路输出频率信号进行远传。

2. 压力表按测量精确度分为哪几类?

按其测量精确度可分为精密压力表、一般压力表。精密压力表的测量精确度等级分别为 0.05、0.1、0.16、0.25、0.4 级;一般压力表的测量精确度分别为 1.0、1.6、2.5、4.0 级。

3. 压力表按指示压力的基准不同分为哪几类?

按其指示压力的基准不同分为一般压力表、绝对压力表、差压表。一般压力表以大气压力为基准；绝对压力表以绝对压力零位为基准；差压表测量两个被测压力之差。

4. 压力表按其测量范围的不同分为哪几类？

按其测量范围的不同分为真空表、压力真空表、微压表、低压表、中压表及高压表。真空表用于测量小于大气压力的压力值；压力真空表用于测量小于和大于大气压力的压力值；微压表用于测量小于 60kPa 的压力值；低压表用于测量 0 ~ 6MPa 的压力值；中压表用于测量 10 ~ 60MPa 的压力值。

5. 压力表按显示方式可分为几类？

按其显示方式可分为指针压力表和数字压力表。

6. 压力表按使用功能可分为几类？

按其使用功能分为就地指示型压力表和带电信号控制型压力表。

7. 压力表按测量介质可分为几类？

按测量介质分为一般型压力表、耐腐蚀型压力表、防爆型压力表和专用型压力表。

8. 压力表按压力用途可分为几类？

按压力用途分为普通压力表、氨压力表、氧气压力表、电接点压力表、远传压力表、耐振压力表、带检验指针压力表、双针双管或双针单管压力表、数字压力表、数字精密压力表等。

9. 压力表调试前应做哪些检查工作？

(1)表面检查：新制压力表表面应光滑均匀，无锈迹毛刺，无电镀不良，焊接处应光滑美观。

(2)刻度盘检查：读数部分压力表玻璃盖或者塑料盖应无色透明，不应有妨碍读数的缺陷。分度盘应平整光洁、各标志清晰可辨。

(3)零位检查：带有限止针的压力表，在无压时，指针应靠近止销，无限止针的压力表，在无压力时，指针应于零位标志内。

(4)压力表若是充液的，液体内应清晰透明，无杂质或漂浮物，其液位高度应位于表壳中心上方的 $0.25D \sim 0.3D$（D 为仪表外径）且在 60℃ 恒温箱内无渗漏现象。

10. 压力表调试时对标准表的选取有何要求？

在对压力表调试时，标准表的精度要大于被校表的精度等级；其标准表的允许误差的绝对值不应大于被校表允许误差绝对值的 1/4。

11. 压力表调试的正确步骤是什么？

在进行压力表调试时，首先应根据规格书和设计说明明确被校仪表是否为禁油、禁水等特殊压力表，以便选取合适的设备和标准表进行调试。

(1)将被校表与智能数字压力校验仪正确连接到活塞式加压设备上，不得有渗漏；打开进油阀(进气阀)，用加压设备按照被校表满量程的 0%、25%、50%、75%、100% 进行五点上行程校验，然后反向按照 100%、75%、50%、25%、0% 进行下行程五点校验；当加压到被校点时，应用手轻拍压力表本体，避免卡涩情况出现，造成读数不准确，待示值稳定时再读取显示值；根据读数计算出最大误差及回差，确定被校表的精度是否满足要求；按照 SH/T 3543 表格填写调试记录。

(2)在调试压力表的过程中要注意设备摆放要垂直稳定，附近没有振动；校验值不得超过测量上限；使用时要注意压力表不能受到突变压力的冲击，以免打坏被校表指针或使标准表及被校表由于压力突变造成膜盒的变形损坏；不可测量对钢和铜有腐蚀作用的介质；读数时应以标准表为基准，平视读数，尽量减小人为误差；加压或降压时要缓慢，不允许校验上行程时超过被校点减小后再次加压校验该点，反之亦然。

12. 压力表指针压力不回零位如何处理？

（1）指针打弯或松动，可用镊子矫正，校验后敲紧。

（2）游丝力矩不足，可脱开中心齿轮与扇形齿轮的啮合，反时针转动中心齿轮轴以增大游丝反力矩。

（3）传动齿轮有磨擦，调整传动齿轮啮合间隙。

13. 压力表指针有跳动或呆滞不转动如何处理？

（1）指针与表面玻璃或刻度盘相碰有磨擦，矫正指针，加厚玻璃下面的垫圈或将指针轴孔绞大一些。

（2）中心齿轮轴弯曲，轴径不同心，不吻合，可取下齿轮用木锤矫正敲直或以平口钳矫正。

（3）两齿轮啮合处有污物，可拆下两齿轮进行清洁。

（4）连杆与扇形齿轮间的活动螺丝不活动或活动螺丝松脱，用锉刀锉薄连杆厚度。

14. 压力表仅某一点超差应如何处理？

在哪点出现超差，就停在哪一刻度上，检查该刻度点上各零件的配合情况，传动轴孔是否受助，连接杆是否灵活，齿牙啮合点有无损伤、异物等，若有应加以排除；某点出现正误差时，常因齿牙啮合点有污物、毛刺；出现负误差时，多由于齿牙的形损或伤齿，齿牙损伤严重者，应更换新件。无新件更换时，中心轮有伤齿可变动啮合位置使伤齿避开传动。扇形轮有伤齿则无法调修，必须更换新件。

15. 压力表示值不稳定应如何处理？

压力表示值不稳定应检查压力表与校验器连接处是否渗漏，如不渗漏且校验器完好，说明弹簧管内部渗漏，做进一步检查，如不能维修则更换。

16. 压力表变差大应如何处理？

压力表变差大说明传动机构有摩擦，须拆开仪表检查传动机构啮合情况，进行必要处理。

17. 压力表校验时出现哪些情况时可按不合格处理？

对于压力表校验时出现下列情况之一时，按不合格处理：有限止钉的压力表，在无压力时，指针转动后不能回到限止钉处；无限止钉的压力表，在无压力时，指针距零位的数值超过压力表规定的允许误差；表盘玻璃破碎或表盘刻度模糊不清；表内弹簧管泄漏或压力表指针松动；其它影响压力表准确指示的缺陷。

18. 压力开关的工作原理是什么？

当系统内压力高于或低于额定的安全压力时，感应器内的碟片瞬时发生移动，通过连接导杆推动开关接头接通或断开；当压力降至或升到额定的恢复值时，碟片瞬时复位，开关自动复位。或者简单地说是当被测压力超过额定值时，弹性原件的自由端发生位移，直接或经过比较后推动开关元件，改变开关元件的通断状态，达到控制被测压力的目的。

19. 压力开关的调试方法是什么？

把压力开关的接头连接到加压设备上（加压设备已安装好标准表），万用表打到通断档，两表笔连接到压力开关的常闭触点或常开触点上。对于高报警的压力开关，使用加压设备加压，使压力值缓慢达到开关的额定压力值。此时，压力开关的触点应发生反转(常开点闭合或常闭点断开)。如果触点不变化,则说明压力开关的动作额定压力发生变换,需调整压力开关的调节螺母使其动作值达到额定值。并根据标准表的读数记录动作值。缓慢用加压设备降压,等触点再一次发生变化时,标准表的读数即为压力开关的恢复值。对于低报警的压力开关,应首先把压力加到报警值以上,再缓慢降压,直到额定报警值,再缓慢升压,确定恢复值。按照SH/T3543填写调试记录。

(1)对设定点偏差有要求的控制器需要进行该项实验。设定点偏差允许值见表2-8-1:

表2-8-1 压力开关精度等级及允许偏差值对照表

准确度等级	设定点偏差允许值/%
0.5 级	±0.5
1.0 级	±1.0
1.5 级	±1.5
2.0 级	±2.0
2.5 级	±2.5
4.0 级	±4.0

注:对设定点偏差没有要求的控制器可以不作此项目。

(2)重复性误差是最主要的项目,是判定控制器级别的重要依据。重复性误差允许值见表2-8-2:

表2-8-2 压力开关精度等级及重复性误差允许值对照表

准确度等级	重复性误差允许值/%
0.5 级	0.5
1.0 级	1.0
1.5 级	1.5
2.0 级	2.0
2.5 级	2.5
4.0 级	4.0

（3）生产厂商或设计对切换差有要求的按生产厂商提供的指标，如果没有提供切换差指标，则按以下要求：

①切换差不可调的控制器，其切换差不应大于量程的10%；

②切换差可调的控制器，其最小切换差应不大于量程的10%，最大切换差应不小于量程的30%。

20. 压力开关无输出信号应如何处理？

（1）微动开关损坏：更换微动开关。

（2）开关设定值调的过高：调整到适当的设定值。

（3）与微动开关相连接的导线触头未连接好：重新连接使接触良好。

（4）感压部分装配不良，有卡滞现象：重新装配，使动作灵敏。

（5）感压原件损坏：更换感压原件。

21. 压力开关灵敏度差应如何处理？

（1）装配不良/传动机构（顶杆或柱塞等）摩擦力过大：重新装配，使动作灵敏。

（2）微动开关接触行程太长：合理调整微动开关的接触行程。

（3）螺钉、顶杆等调节不当：合理调整螺钉和顶杆位置。

（4）安装不当（如不平和倾斜）：改为垂直或水平安装。

22. 压力开关发信号过快应如何处理？

（1）进油口阻尼孔大：阻尼孔适当改小，或在控制管路上增设阻尼管。

（2）隔离膜片碎裂：更换隔离膜片。

（3）系统冲击压力太大：在控制管路上增设阻尼管，以减弱冲击压力。

（4）电气系统设计有误：按工艺要求设计电气系统。

23. 压力变送器的测量原理是什么?

(1)用于测量液体、气体或蒸汽的液位、密度和压力,然后将压力信号转变成 4~20mADC 信号输出。

(2)介质压力直接作用于敏感膜片上,分布于敏感膜片上的电阻组成的惠斯通电桥,利用压阻效应实现了压力量向电信号的转换,通过电子线路将敏感元件产生的毫伏信号放大为工业标准信号。

24. 压力变送器可分为哪几类?

(1)按传感器工作原理分电阻、电容、电感、半导体等。

(2)按传感器芯片分陶瓷、扩散硅、蓝宝石等。

(3)按测量范围分差压、表压、绝压等。

25. 压力变送器调试前应做哪些检查?

压力变送器调试前应做的检查工作有:铭牌及设备的型号、规格、材质、测量范围、显示部分、使用电源等技术条件应符合设计要求;无变形、损伤、油漆脱落、零件丢失等缺陷;外形主要尺寸、连接尺寸符合设计要求;端子、接头固定件等应完整;附件齐全;合格证及检定证书齐备。

26. 压力变送器调校的项目和操作方法是什么?

(1)按照图 2-8-2 连接好管路及线路;智能变送器的工作状态为数字通讯方式或模拟通讯方式,调校时将它设定在模拟通讯方式(便于监视输出电流);参照仪表规格书输入仪表的位号(TAG)、工程单位(UNIT)、量程上限(URV)、量程下限(LRV)、输出特性(Xfer fnctn)、阻尼时间常数(Damp)、小信号切除(Low cut)等参数。

(2)精度调校:零点调校——将正负压室放空,用外部调零螺钉调零或用 HART 手操器选择 Device setup→Diag/service→Calbration→Sensor→Zero Trim 参数，按两次 OK 键，仪表自动调至零点，输出显示4mA。量程调校——如果输出信号误差大则进行量程校准，以量程 0 ~25kPa 为例：用 HART 智能终端选择 Device setup→Diag/service→Calibration→Sensor→Upper sensor trim，施加测量范围25kPa 的压力信号，压力稳定后，按 OK；再按 OK，输入 25 按 ENTER，稍后，调整完成。刻度调校——沿增大和减小方向分别施加测量范围的0%、25%、50%、75%和100%的压力信号，相应输出电流的允许误差和变差应符合精度指标要求，且各点输出稳定，零点无漂移(注意调整下行程前应先使信号压力略超过量程上限值后再进行)。

(3)零点迁移：用压力变送器测量水蒸汽或其它易冷凝的气体压力时，由于变送器安装于取压点下方，仪表投用后测量管道里会存满冷凝液，这样变送器检测到的压力就包含介质压力和测量管道里冷凝液液柱的压力，必须把后者抵消掉，才能准确测出介质压力。这种情况一般用零点正迁移来解决，迁移量由取压点和变送器的高度差决定。

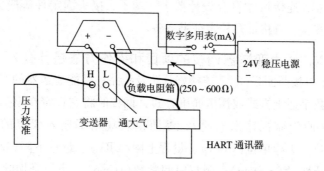

图 2-8-2　管路及线路连接图

27. 压力变送器调校过程中应注意哪些问题？

(1)标准表选用要符合要求。对于小量程的标准表和被校表，要缓慢加压，避免超程造成仪表损坏。

（2）连接标准仪器侧也要用扳手卡住，防止仪器上的接头松动、脱落。

（3）通电前先检查连接的正确性。变送器回路中 HART 通讯器与电源间必须连接 250Ω 电阻（负载电阻箱）。

（4）调整前要进行预热，调整后不能立即断电，等数据存储完毕方可断电。

（5）变送器特别是微压变送器，调校时一定要垂直放置，以免因正负压室不在同一水平面引起测量误差。

28. 压力变送器出现信号无输出的故障该如何处理？

（1）查看变送器电源是否接反，必须把电源极性正确连接到变送器 LOOP 接线端子上（非 AUX 端子）。

（2）测量变送器供电电源是否有 24V 直流电压，必须保证变送器的电源电压 $\geqslant 12$V，如没有电源，则应检查回路是否断线、检测仪表是否选取错误（输入阻抗应 $\leqslant 250\Omega$）。

（3）检查表头是否损坏，如损坏需更换。

（4）将电流表串入 24V 电源回路中，检查电流是否正常，如变送器正常则需检查回路中的其他电气元件及线路。

29. 压力变送器出现信号输出 $\geqslant 20$mA 的故障该如何处理？

（1）检查变送器电源是否正常，如果小于 12VDC，则应检查回路中是否有大的负载，变送器负载的输入阻抗应符合 $RL \leqslant$ [（变送器供电电压 -12V）/（0.02A）] Ω；

（2）实际压力是否超过压力变送器的所选量程，如量程不对，需通过手操器重新组态正确量程或更换适当量程的变送器。

（3）检查压力传感器是否损坏，严重的过载有时会损坏隔离膜片，此时需要返回厂家维修。

（4）接线是否松动，紧固接线；电源线接线是否正确，电源线应正确接到变送器接线柱上。

30. 压力变送器出现信号输出≤4mA 的故障该如何处理?

（1）检查变送器电源是否正常，如果小于 12VDC，则应检查回路中是否有大的负载，变送器负载的输入阻抗应符合 $RL \leqslant$ [（变送器供电电压 –12V)/(0.02A)]Ω。

（2）实际压力是否超过压力变送器的所选量程，如量程不对，需通过手操器重新组态正确量程或更换适当量程的变送器。

（3）检查压力传感器是否损坏，严重的过载有时会损坏隔离膜片，此时需要返回厂家维修。

31. 压力变送器出现压力值指示不正确的故障该如何处理?

（1）检查变送器电源是否正常，如果小于 12VDC，则应检查回路中是否有大的负载，变送器负载的输入阻抗应符合 $RL \leqslant$ [（变送器供电电压 –12V)/(0.02A)]Ω。

（2）如果参照压力表的精度等级低，则需更高精度的压力表。

（3）检查变送器量程是否正确，如量程不对，需通过手操器重新组态正确量程或更换适当量程的变送器。

（4）变送器负载的输入阻抗应符合 $RL \leqslant$ [（变送器供电电压 –12V)/(0.02A)]Ω，如不符合应根据不同情况采取相应措施，如升高供电电压(必须低于 36VDC)、减小负载等。

（5）检查压力传感器是否损坏，严重的过载有时会损坏隔离膜片，此时需要返回厂家维修。

（6）管路内是否有杂质堵塞管道，有杂质时会影响测量精度。

第四节　流量检测仪表

1. 流量的定义和分类是什么？

流量是指流经管道（或设备）某截面的流体数量。用来测量流体流量的仪表称为流量计。流量可分为质量流量和体积流量，按不同的表示方法又可分为瞬时流量和累积流量。

2. 质量流量的测量方法有哪些？

$$\text{质量流量的测量方法}\begin{cases}\text{直接法}\begin{cases}\text{差压式测量方法}\\\text{角动量式测量方法}\\\text{应用麦纳斯效应的测量方法}\\\text{应用科里奥利力的测量方法}\end{cases}\\\text{推导法}\begin{cases}\rho q_v^2 \text{变送器和密度计组合的方法}\\q_v \text{变送器和密度计组合的方法}\\\rho q_v^2 \text{变送器和} q_v \text{变送器组合的方法}\end{cases}\end{cases}$$

3. 体积流量的测量方法有哪些？

$$\text{体积流量的测量方法}\begin{cases}\text{容积法——应用齿轮、刮板、活塞、皮膜等的测量方法}\\\text{流体力学法}\begin{cases}\text{应用动能和静压能转换的测量方法}\\\text{应用改变流通面积的测量方法}\\\text{应用流体离心力的测量方法}\\\text{应用流体振动的测量方法}\\\text{应用流动矩的测量方法}\end{cases}\\\text{电学法——应用电磁感应的测量方法}\\\text{声学法——应用时差、频差、相位差的测量方法}\\\text{热学法——应用热导、热量的测量方法}\\\text{光学法——应用激光测量流速的方法}\end{cases}$$

4. 石化系统中常用的流量计有哪些?

石化系统中常用的流量计有差压式流量计、质量流量计、超声波流量计、电磁流量计、转子流量计、涡轮流量计、靶式流量计、容积式流量计(包括椭圆齿轮流量计、腰轮流量计、刮板式流量计、活塞式流量计)等。

5. 流量变送器调试前应做哪些检查?

流量变送器在进行单体调试前应首先对其进行基本检查:包装是否完整,有无水浸及破损现象;外部有无缺陷、损伤及锈蚀等现象;变送器配件及附件是否完整;出厂证件及技术文件是否齐全;仪表规格型号是否符合设计要求。

6. 差压流量变送器的定义及工作原理是什么?

差压流量变送器是用节流装置与差压变送器配套测量流体流量的仪表。差压式流量变送器是依据流量与差压的平方根成比例的原理来工作的。将一个空间用敏感元件(多用膜盒)分割成两个腔室,分别向两个腔室引入压力时,传感器在两方压力共同作用下产生位移(或位移的趋势),这个位移量和两个腔室压力差(差压)成正比,将这种位移转换成可以反映差压大小的标准信号输出。

7. 差压流量变送器调校的正确操作步骤是什么?

差压流量变送器的调校过程与压力变送器的调校过程是一样的,参考压力变送器的调校过程。

8. 差压流量变送器出现输出信号过低的故障该如何处理?

(1)堵塞或泄漏:疏通及检查泄漏点予以处理。

(2)变送器组态量程过大:按设计要求重新组态新量程。

(3)标准表与被校表精度选择不合适：需选取合适精度的标准表。

9. 差压流量变送器出现输出信号过高的故障该如何处理？

(1)差压流量变送器量程过小：按设计要求重新组态量程。

(2)标准表与被校表精度选择不合适：需选取合适精度的标准表。

10. 差压流量变送器出现输出信号不稳定、波动大的故障该如何处理？

考虑外部有干扰源，消除干扰。

11. 差压流量变送器出现输出信号不正确的故障该如何处理？

(1)标准表选取精度不合适：需选取合适精度的标准表。

(2)调试时变送器负压侧没有通大气，有憋压产生静压差现象：需要变送器负压侧通大气，零点标定后重新调试。

12. 转子流量计定义及原理是什么？

转子流量计又称面积式流量计，它的检测件是一根由下向上扩大的垂直锥管和一只随着流体流量变化沿着锥管上下浮动的浮子，流体自下而上流过浮子时，在浮子上作用有压差、流体动压和磨擦力等，它与浮子的重量相平衡。流量增大，向上的力加大，浮子上升，浮子与锥管环隙面积增大流速降低，因而向上的力减少，直至与浮子重量再次平衡为止。浮子在锥管中的不同位置代表着不同流量大小。流量与浮子的位移成线性关系。

13. 转子流量计定性检查的方法是什么？

用手推动转子上升或下降，其指示变化方向应与转子运动方向一致,且输出值应与指示值一致。

14. 电磁流量计的工作原理是什么?

电磁流量计是利用电磁感应原理制成的流量测量仪表,可用来测量导电流体体积流量(流速)。当导电的被测介质垂直与磁力线方向流动时,在与介质流动和磁力线都垂直的方向上产生一个感应电动势 E_x,感应电动势和体积流量 Q 之间成正比。感应电动势通过转换器转换成 4~20mA DC 的标准信号,以供显示、调节和控制,也可送到计算机进行处理。

15. 质量流量计的工作原理是什么?

质量流量计分为直接式质量流量计和间接式质量流量计两种。石化装置最常见的是科氏质量流量计。其工作原理实质是利用一个弹性体的共振特性,对有流体流动和无流体流动的振动(在共振区附近)的金属管元件,测定其动态响应特性,求出此谐振系统的相位差(时间差)与质量流量之间的关系。而有流体流动的金属管元件谐振的动态响应特性,与无流体流动的金属管的动态响应特性之间的差别,是由于科里奥利(Coriolis)效应引起的。所谓科里奥利效应,是指当质点在一个转动参考系内作相对运动时,会产生一种不同于通常离心力的惯性力作用在此质点上。

16. 涡街流量计的工作原理是什么?

在流体中设置旋涡发生体,从旋涡发生体两侧交替地产生有规则的旋涡,这种旋涡称为卡曼涡街。旋涡列在旋涡发生体下游非对称地排列,旋涡频率与流量成一定关系。

17. 漩涡流量计的工作原理是什么?

流经漩涡流量计的流体,流过一组螺旋叶片后被强制旋转,便形成了漩涡。漩涡的中心是速度很高的区域,称为涡核,它的外围是环流。在文丘里收缩段，涡核与流量计的轴线相一致。当进入扩大段后，涡核就围绕着流量计的轴作螺旋状进动。该进动是贴近扩大段的壁面进行的，进动频率和流体的体积流量成比例。涡核的频率通过热敏电阻来检测。热敏电阻由检测放大器供给电流加热，使热敏电阻的温度始终高于流体的温度，每当涡核经过热敏电阻一次，热敏电阻就被冷却一次。这样，热敏电阻的温度随着涡核的进动频率而作周期性变化，该变化又促使热敏电阻的阻值也作周期性的变化。这一阻值变化经检测放大器处理后转换成电压信号，即可获得与体积流量成比例的电脉冲信号传送到显示仪表，以实现瞬时流量的指示和总量的积算。

18. 插入式流量计的种类有哪些？

插入式流量计是一类以结构形式划分的流量计，它包括工作原理各异的各种流量计。主要有均速管流量计（阿牛巴）和点流速流量计。它们与管道之间以法兰连接，只有在管道内流体断流时才允许拆卸仪表。

19. 点流速流量计的工作原理是什么？

点流速流量计的工作原理是根据插入管道中的测量头所测流速，依据管道内的流速分布与传感器的几何尺寸等推算管道中的流量。

20. 均速管流量计的工作原理是什么？

均速管流量计的工作原理是根据插入管道直径的检测件测得的信号推算管道中的流量。传感器由一根横贯管道直径的中空金属杆及测量管道件组成。中空金属杆迎流面有多个测压孔测量总压，背流面有一个或多个测压孔测静压，由总压和静压的差值（差压）反映流量。

21. 现场不具备调试条件(流量标定)的流量计应做哪些检查?

对于现场不具备调校条件(流量标定)的流量计(如电磁流量计、质量流量计等),需要检查出厂合格证及检定合格证明。如合格证及检定合格证明在有效期内,可只进行通电或通气检查各部件工作是否正常,电远传与气远传转换器应作模拟试验。如合格证及检定合格证明超过有效期时,应由建设单位负责,施工方配合,对其重新标定。无调试的流量计做好检查记录。

第五节　物位检测仪表

1. 物位及物位仪表的定义是什么?

物位是指存放在容器或设备中物料的高度或位置。如液体介质液面的高低称液位;液体 – 液体或液体 – 固体的分界面称为界位;固体颗粒或粉末的堆积高度称为料位。液位、界位及料位的测量统称为物位测量。用来测量液位、界位及料位的仪表统称为物位仪表。

2. 物位计的分类有哪些?

(1)根据测量对象的不同,可分为液位计、界位计及料位计。

(2)根据仪表测量原理的不同,可以分为静压型物位计、超声波物位计、雷达物位计、电容式物位计、LD – DL 物位计等。

①静压型物位计用于槽罐或容器内的物位测量,可直接安装或通过远传密封组件安装。

②超声波物位计用于液体和颗粒状固体等物位的监控。

③雷达物位计波束角小(最小5℃),能量集中,具有更强抗

干扰能力，大大提高了测量精度和可靠性，固体粉尘和液体都可以监测。

④电容式物位计用于高温、高压条件下的物位测量，防尘、防挂料、防蒸汽、防冷凝。

⑤LD-DL物位计是一种新型的电容式连续测量物位仪表，由于采用射频技术和微机技术解决了传统电容式物位计温漂大、标定难、怕粘附的难题。

3. 液位计调试前应做哪些检查？

液位计在进行单体调试前应首先对其进行基本检查：包装是否完整，有无水浸及破损现象；外部有无缺陷、损伤及锈蚀等现象；毛细管及法兰膜盒是否有漏油现象；变送器配件及附件是否完整；出厂证件及技术文件是否齐全；仪表规格型号是否符合设计要求。

4. 差压液位变送器的工作原理是什么？

差压液位变送器是对压力变送器技术的延伸和发展，根据不同密度的液体在不同高度所产生压力成线性关系的原理，实现对水、油及糊状物的体积、液高、重量的准确测量和传送。差压变送器与一般的压力变送器不同的是它们均有两个压力接口，差压变送器一般分为正压端和负压端，一般情况下，差压变送器正压端的压力应大于负压端压力才能测量。变送器发出一种信号给二次仪表，使二次仪表显示测量数据。它是一种将物理测量信号或普通电信号转换为标准电信号输出或能够以通讯协议方式输出的设备。

5. 差压液位变送器调试的正确步骤是什么？

差压液位变送器（测量管道式）的调校与压力变送器的调校过程相同。需要注意的是，在对双法兰差压液位变送器进行单体调试时，需把正压端法兰固定在加压台上，负压端法兰面与正压端法兰面放到同一水平面上并使负压端对大气，变送器供电后，用手操器对变送器的组态量程按照 0 ~ URV(设计满量程区间值)作出修改，然后再对正压端进行加压进行各方面的调试实验。待双法兰液位变送器安装到现场后，根据实际情况作变送器的零点迁移(在进行零点迁移时，需在所测容器内无介质注入的情况下进行)。

6. 什么是差压液位变送器的零点迁移?

差压变送器测量时的零点迁移的实质是通过改变差压变送器的零点，使得被测液位为零时，变送器的输出值也为零。它仅仅改变变送器的上、下限，而不改变量程的大小。

7. 差压液位变送器在何种情况下需进行零点迁移、负迁移及正迁移?

(1)无迁移：被测介质的黏度较小，无腐蚀，无结晶，并且气相部分不冷凝，变送器安装高度与容器下部取压位置在同一高度(如图 2-8-3 所示)，为液位测量下限。

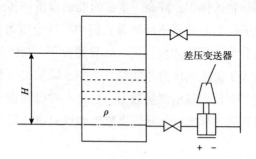

图 2-8-3　无迁移量示意图

H—液位高度；*ρ*—液体密度

变送器量程 $\Delta P = H\rho g$(g 为重力加速度)。

（2）正迁移：实际测量中，变送器的安装位置往往不与容器下部的取压位置同高，被测介质的黏度也较小，无腐蚀，无结晶，并且气相部分不冷凝，下部取压位置低于测量下限的距离为 h（如图 2-8-4 所示）。

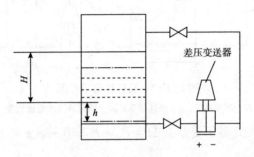

图 2-8-4　正迁移量示意图

H—液位高度；h—下部取压位置低于测量下限距离

下限液位时，变送器所受差压 $\Delta P_\text{正} = h\rho g$，正迁移值 $= h\rho g$（ρ 为液体密度；g 为重力加速度）。

满液位时，变送器所受差压 $\Delta P_\text{正}' = (H + h)\rho g$。

变送器测量范围 $= \Delta P_\text{正} \sim \Delta P_\text{正}'$。

变送器量程 $\Delta P = (H + h)\rho g - h\rho g = H\rho g$。

（3）负迁移：有些介质会对仪表产生腐蚀作用，或者气相部分会产生凝液使导管内的凝液随时间变化，这种情况下，往往采用在正、负压室与取压点之间分别安装隔离罐或冷凝罐的方法。因此，负压测测量管道也有一个附加的静压作用与变送器，使得被测液位 $H = 0$ 时，压差不等于零（如图 2-8-5 所示）。

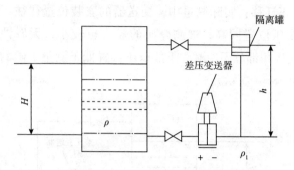

图 2-8-5　负迁移量示意图

H—液位高度；ρ—液体密度；ρ_1—隔离液或冷凝液密度

零液位时，变送器所受差压 $\Delta P = P_{正} - P_{负} = 0 - h\rho_1 g = -h\rho_1 g$，$g$ 为重力加速度。

满液位（满量程）时，变送器所受差压 $\Delta P' = P_{正} - P_{负} = H\rho g - h\rho_1 g$。

变送器量程 $= \Delta P' - \Delta P = (H\rho g - h\rho_1 g) - (-h\rho_1 g) = H\rho g$。

变送器测量范围 $= \Delta P \sim (\Delta P' + \Delta P)$。

负迁移值 $= -h\rho_1 g$。

（4）双法兰差压变送器的迁移如图 2-8-6 所示：

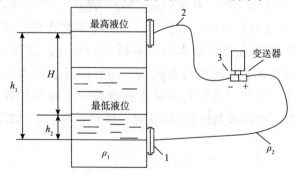

图 2-8-6　双法兰差压变送器迁移量示意图

H—最高液位；h_2—最低液位；ρ_1—罐内液体密度；ρ_2—毛细管内液体密度（硅油）

迁移量为 $\Delta P = h_2 \rho_1 g - (H + h_2) \rho_2 g$（$g$ 为重力加速度）。

8. 差压液位变送器出现输出值过大的故障该如何处理？

(1)测量管道：检查测量管道是否泄漏或堵塞；检查截止阀是否全开；检查气体测量管道内是否有积液，液体测量管道内是否有气体；检查变送器压力容室内有无沉积物。

(2)变送器的电气连接：检查变送器的传感器组件连接情况，保证接插件接触面清洁；检查仪表是否可靠接地。

(3)变送器电路故障：用备用电路板代替检查、判断有故障的电路板及更换。

(4)检查电源的输出是否符合所需的电压值。

(5)检查法兰膜盒是否有损伤情况出现。

9. 差压液位变送器出现输出值过小或无输出的故障该如何处理？

(1)测量管道：检查测量管道是否泄漏堵塞；检查液体测量管道内是否有气体；检查变送器压力室内有无沉积物；检查截止阀是否全开，平衡阀是否关严。

(2)变送器的电气连接：检查变送器传感器组件的引出线是否短接；检查是否可靠接地；检查插件接触处清洁；检查各调节螺钉是否在控制范围。

(3)接线回路：检查加到变送器上的电压是否正常；检查回路是否短路或断电接地。

(4)变送器电路故障：用备用电路板代替检查、判断有故障的电路板及更换。

(5)检查法兰膜盒是否有损伤情况出现。

10. 差压液位变送器出现输出不稳定的故障该如何处理？

(1)接线回路：检查回路是否有间歇性短路、开路或多点接地现象；检查变送器供电电压是否合适。

(2)被测介质波动：调整电路的阻尼作用大小。

(3)变送器电路故障：用备用电路板代替检查、判断有故障的电路板及更换。

(4)检查气体测量管道内是否有积液，液体测量管道内是否有气体。

(5)检查插件接触处清洁；检查传感器组件接地情况。

(6)检查法兰膜盒是否有损伤情况出现。

(7)负迁移故障：判断负迁移的差压变送器在现场使用过程中测量是否准确，首先关闭差压变送器三阀组的正、负压测量室，打开平衡阀及仪表放空堵头，仪表输出应为 20mA。其次，关闭正、负压室取压点，打开放空，此时仪表输出应为 4mA。如果仪表输出不为 4mA 或 20mA，应检查正、负压室引线是否堵塞，迁移量是否改变，零位是否准确，隔离液是否流失等。

11. 浮筒式液位变送器的工作原理是什么？

浮筒式液位计是利用浮力原理(阿基米德定理)中变浮力原理工作的液位测量仪表。当被测液面位置变化时，浮筒浸没体积变化，所受浮力也变化，通过测量浮力变化确定出液位的变化量。当液位在零位时，扭力管受到浮筒重量所产生的扭力矩(这时扭力矩最大)，扭力管转角处于"零"度，当液位逐渐上升到最高时，扭力管受到最大浮力所产生的扭力矩的作用(这时扭力矩最小)，转过一个角度 φ，变送器将这转角 φ 转换为 4~20mA 的直流信号，这个信号正比于被测量液位。

12. 浮筒式液位变送器的校验方法有几种？

浮筒式液位变送器的调校有水校法和挂重法(干校法)两种。

13. 浮筒校验时按照测量介质可分为哪两种?

浮筒在校验时，按照测量介质的不同可以分为液位和界面两种(液位是指测量单一介质，界面是指测量两种介质)。

14. 利用水校法校验液位浮筒的满量程计算公式是什么?

利用水校法进行液位浮筒校验时，满量程的计算公式为:

$$h_s = h_j \times \frac{\gamma_j}{\gamma_s} \qquad (2-8-1)$$

式中　h_j、h_s ——介质及水的液面，mm;

γ_j、γ_s ——介质及水的密度，g/cm³。

15. 利用水校法校验界面浮筒的零点及满量程计算公式是什么?

$$零点时的水位高度 \ h_s = \frac{\gamma_Q}{\gamma_s}H ; \qquad (2-8-2)$$

$$满量程时的水位高度 \ h_s = \frac{\gamma_z}{\gamma_s}H 。 \qquad (2-8-3)$$

式中　γ_z ——重介质密度，g/cm³;

H ——最大液面刻度，mm;

γ_Q ——轻介质密度，g/cm³。

16. 怎样通过水校法正确进行浮筒的校验?

记下换算后的量程，以浮筒液面计的下法兰中心线向上分成五等分(或以浮筒中线标记为准进行划分)作出刻度标记，以便进行校验。

将浮筒垂直架设固定牢固，垂直度允许偏差小于2/1000，校验接线如图2-8-7所示。连接好后，检查浮筒组件位置是否合适，轻按浮筒应能上下自由振荡数次以上。

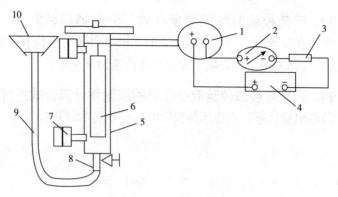

图 2-8-7　校验接线图

1—变送器；2—数字多用表(测量电流 4~20mA)；

3—负载电阻；4—直流稳压源(可调)；5—浮筒室；6—浮筒；

7—下法兰(堵死)；8—短丝；9—透明塑料软管；10—漏斗

零点检查：浮筒不加水(界位时加水在换算的零点液位)，输出应为 4mA，如超差，调整零点电位器，使输出为 4mA。

量程检查：灌水高度为满量程位置，输出应用于 20mA，如超差，调整量程电位器，使输出为 20mA。

零点和量程要反复调整，直到合格。

作 0%、25%、50%、75%、100% 上下行程基本误差和变差检查，其基本误差及变差应符合精度要求。

17. 如何通过挂重法正确进行液位浮筒的校验?

挂重法校验接线如图 2-8-8 所示：

已知挂链和浮筒重量为 W(可用天平称出)，浮筒长度为 L，浮筒外径为 D，被校介质为 $\gamma_介$，求出液位在 0%、25%、75%、100% 时的挂重重量。浮筒可受到最大浮力为：

$$\frac{\pi D^2}{4} \times L \times \gamma_介 = x \qquad (2-8-4)$$

输出为 100% 时相应的挂重重量(砝码盘和应加的砝码总重

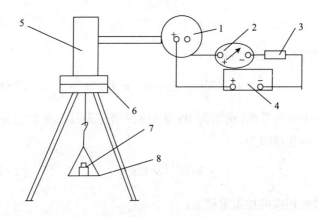

图2-8-8 校验接线图

1—变送器；2—数字多用表(测量电流4~20mA)；

3—负载电阻；4—直流稳压源(可调)；5—浮筒；6—支架；7—砝码；8—托盘

量)为：$W - x = y$

把 x 分为0%、25%、50%、75%、100%，见表2-8-3。

表2-8-3 液位、输出电流、挂重对照表

液位/%	输出电流/mA	挂重/gf
0	4	$y + x$
25	8	$y + 75\% x$
50	12	$y + 50\% x$
75	16	$y + 25\% x$
100	20	y

18. 如何通过挂重法正确进行界面浮筒的校验？

已知拉链和浮筒总重量为 W，浮筒长度为 L，浮筒外径为 D，被测介质为 $\gamma_{重}$ 和 $\gamma_{轻}$，求出界位在0%、25%、50%、75%、100%时的挂重重量。处于最低界位(输出为0%)时浮筒完全浸没在轻组分的液体中，所受到的浮力为：

$$x = \frac{\pi D^2}{4} \times L \times \gamma_{轻} \qquad (2-8-5)$$

这时相应的挂重重量为:

$$W - \frac{\pi D^2}{4} \times L \times \gamma_{轻} = W - x \qquad (2-8-6)$$

处于最高界面(输出为100%)时浮筒完全浸没在重组分的液体中,所受浮力为:

$$y = \frac{\pi D^2}{4} \times L \times \gamma_{重} \qquad (2-8-7)$$

这时相应的挂重重量为:

$$W - \frac{\pi D^2}{4} \times L \times \gamma_{重} = W - y \qquad (2-8-8)$$

因此,挂重重量的最大变化量为:

$$Z = (W - x) - (W - y) = y - x \qquad (2-8-9)$$

把 Z 分为 $0\%Z$、$25\%Z$、$50\%Z$、$75\%Z$、$100\%Z$,经计算便可得出表 2-8-4 各值。

表 2-8-4　界位、输出电流、挂重对照表

界位/%	输出电流/mA	挂重/gf
0	4	$W - x$
25	8	$W - x - 25\%z$
50	12	$W - x - 50\%z$
75	16	$W - x - 75\%z$
100	20	$W - y$

19. 浮筒式液位变送器的常见故障及处理措施有哪些?

(1)指示值偏低:浮筒破裂、挂有脏物,更换浮筒、清理浮筒。

(2)指示值偏高:浮筒腐蚀未漏使重量变轻,更换浮筒;扭

力管与支架积有脏物，清理。

（3）指示值不跟踪：浮筒被卡住，拆开处理卡住处；变送器损坏，更换变送器；没有电源，检查电源、信号线、接线端子。

（4）无液位，但指示值为最大：浮子脱落，重装；变送器故障，更换变送器。

（5）无液位，但指示值为最小：扭力管断，支撑弹簧片断或变送器故障，更换扭力管、支承簧片或更换变送器；浮子到浮筒防脱落拉绳未剪掉，剪断防脱落绳。

20. 浮球式液位变送器的工作原理是什么？

上下浮动式浮球液位变送器由液位传感器和变送器两部分组成。传感器由装有弹簧管的不锈钢护管和装有磁钢的浮球组成。传感器的磁性浮球随着容器内液体液位升降而上下移动，利用磁场作用使护管内的弹簧管动作，从而引起检测电阻的阻值变化，变送器将电阻变化转换成标准的 $4\sim20mA$ 或 $0\sim10mA$ 电流信号输出。

转角式浮球液位变送器由丈量、转换盒和变送部分组成。利用液体浮力浮动浮球，浮球的位移与液位变更同步，浮球带动球杆作定轴移动，定轴装有位移传感器，角位移传感器把角位移的大小转换成对应的电信号，这一信号经过电子电路处理后输出。

21. 浮球式液位计的调试步骤是什么？

上下浮动式浮球液位变送器根据设计资料确定出轴杆的使用量程长度，把轴杆量程长度按 0%、25%、50%、75%、100% 五等分，移动浮球，使浮球移动到每一个五等分点处，测量出变送器输出值，作好相应的记录。

转角式浮球液位变送器校验时，应手动操作平衡杆，使其与水平面夹角分别为 $+11.5°$、$0°$、$-11.5°$，变送器输出信号分别为 0、50%、100%，其基本误差及变差均不应超差。

22. 浮球式液位变送器常见故障及处理措施有哪些？

（1）浮子上下移动不灵敏：液位计安装不当引起，通过重新安装，使上下法兰中心线处于同一直线上并且保证垂直度。

（2）浮子在某一位置呈现"吸住"现象：液位计穿过钢制平台时，与钢板间隔过近，此间距在 100mm 左右能保证对磁性浮子不产生影响。

（3）输出信号产生频繁扰动或有干扰脉冲：检查信号电缆屏蔽层能否牢靠接地，还可用信号隔离器来处理。

（4）浮子难以浮起且浮子移动不灵敏：磁性浮子上沾有铁屑或其他污物，先排空介质，去除浮子，消除磁性浮子上沾有的铁屑或其他污物即可。探杆弯曲，矫正探杆。

23. 电容式液位变送器的工作原理是什么？

电容式液位变送器是采用测量电容的变化来测量液面的高低的。它是一根金属棒插入盛液容器内，金属棒作为电容的一个极，容器壁作为电容的另一极。两电极间的介质即为液体及其上面的气体。由于液体的介电常数 ε_1 和液面上的介电常数 ε_2 不同，比如 $\varepsilon_1 > \varepsilon_2$，则当液位升高时，电容式液位计两电极间总的介电常数值随之加大因而电容量增大。反之当液位下降，ε 值减小，电容量也减小。所以，电容式液位计可通过两电极间的电容量的变化来测量液位的高低。

24. 电容式液位计的调试步骤是什么？

选取一合适的金属容器并在外侧按测量范围标出合适的量程进行五等分，把液位计的探杆部分插入容器中，在变送器的供电线路上串入标准电流表，对容器根据标注的各点注水，通过电流表读出各点对应的标准电流值，通过换算计算出各点的标准值，如果存在误差需调整整定，记录各点数据。

25. 电容式液位变送器的常见故障及处理措施有哪些？

（1）电流无输出：检查信号处理器"＋、－"引出线是否松动或脱落，仪表表头固定螺纹及固定柱是否松动接触不良，进行加固；

（2）仪表指示为零：用手握金属工具，如镊子、螺丝刀等，接触信号处理器"传感器"端子，仪表指示应增大，否则表明仪表信号处理器损坏，需更换；

（3）仪表指示满量程：将信号处理器"传感器"引线取下，若仪表指示依然为满量程，表明信号处理器损坏；若仪表指示回零，则可能是传感器绝缘不良，需立即更换传感器；

（4）数值跳动：如果排除液位波动影响的情况，说明存在信号干扰，需在仪表电源线两端并联电解电容（容量约 $220\mu F$，耐压大于 50V）即可消除。

26. 超声波物位计的工作原理是什么？

（1）超声波物位计安装于容器上部，在电子单元的控制下，探头向被测物体发射一束超声波脉冲，声波被物体表面反射，部分反射回波由探头接收并转换为电信号，从超声波发射到被重新接收，其时间与探头至被测物体的距离成正比。电子元件检测该时间，并根据已知的声速计算出被测距离，通过减法运算即可得出物位值。

（2）超声波物位计工作原理如图 2-8-9 所示，安装仪表时，通过按键向仪表内存设置探头到"水位＝0"的距离 L。仪表从内存读取参数 L，用 H 加上 D，求出探头到"水位＝0"的距离 $L（L＝H＋D）$。在实际测量中，液位 H 是实时变化的，仪表根据所测时间 t 计算出液面距离 D，从而得到当前液位 $H＝L－D$。

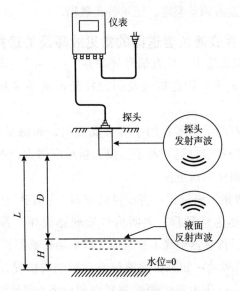

图 2-8-9　超声波物位计工作原理图

27. 超声波物位计的调试步骤及注意事项是什么？

假如某水池水位在 0 ~ 2.35m，0m 对应 4mA，2.35m 对应 20mA，首先要把超声波液位计的安装位置选在要大于最高水位 0.3m 以上的任意位置，也就是要大于 2.65m 的位置。经测量最低水位 0m 距超声波液位计探头的实际距离为 2.82m。此时，4mA(0V) 对应输入设置应该为 2.82m，20mA(5V，10V) 对应设置 0.47m(也就是 2.82 ~ 2.35m)。

接通电源，在空罐时进行零点标定，即 4mA(可串入电流表检查输出值)；满罐时进行满量程标定，即 20mA；需要注意的是，在进行参数标定时要考虑死区，需要通过参数整定把死区部分加以覆盖。

28. 超声波物位计常见故障及处理措施有哪些？

(1)仪表不显示、不工作：接线错误或供电错误，检查更正

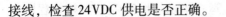

接线，检查24VDC供电是否正确。

（2）仪表有显示但不工作：物位计未对准液面或料面，调整安装方向，用水平尺校对；液面波动幅度很大，在容器中加入塑料管；料面极不平整，改用大量程的物位计；液面有较厚的泡沫层，改用大量程的物位计或其他测量方式；容器底部不平整，加液或加料后恢复；超出测量量程范围，改用大量程的物位计。

（3）仪表显示不稳定或测量值有大的偏差：物位进入盲区，加高安装位置或防止物位过高；有强电磁干扰，物位计加屏蔽；有阻挡声波的物体，改变安装位置或加入塑料管；探头发射面或侧面与金属接触，用橡胶垫加以隔离。

29. 重锤式料位计的工作原理是什么？

重锤式料位计的智能电机传动系统控制着系在不锈钢丝绳缆上的重锤向下降落，重锤接触介质表面的瞬间停止下降，而后重锤式料位计改变电机的转动方向将重锤回收。测量过程中，重锤式料位计通过双光学传感器的精确计量，获取料位信号，并将料位信号变送为4~20mA模拟量信号、R485信号或脉冲信号输出，完成探测。

30. 重锤式料位计的调试步骤是什么？

重锤式物位计校验时，当分别给传感器、控制显示器送电后，液晶显示面板及状态指示灯工作应正常，参数设置开关应符合工艺测量要求，定时工作时间占空比不应大于50%，并按下列步骤校验：

（1）仪表稳定10min后，调整零点电阻器，使输出电流为4mA（或20mA）。

（2）按下启动按钮，使重锤下降到容器的底部，当电动机开始反转时，输出电流为最大（或最小）。

(3)待重锤返回到原位，运行指示灯熄灭后，调整量程电位器使输出电流为20mA(或4mA)。

31. 重锤式料位计常见故障及处理措施有哪些？

(1)埋锤：重锤式料位计在使用自动检测时有可能在加料时进行检测，如果安装位置离进料口较近就有埋锤的可能。

(2)积灰：重锤式料位计由于密封性能不好，长时间使用需要定期清理积灰，否则将不能或者影响测量。

(3)乱绳：重锤式料位计属于机械仪表产品，内部结构复杂，在使用不当或者机械故障时可能导致钢索混乱，不能进行测量。

(4)断绳：重锤式料位计使用的钢缆为2mm直径的钢缆，如果机械传动部分有加工粗糙的地方将严重影响钢缆使用寿命。

32. 浮子钢带式液位计的工作原理是什么？

由液位检测装置、高精度位移传动系统、恒力装置、显示装置、变送器装置以及其他外设构成。钢带液位计浸在被测液体中的浮子受到重力 W，浮力 F 和由恒力装置产生的恒定拉力 T 的作用，当三个力的矢量和等于零时，浮子处于准平衡静止状态。力学平衡时的浮力是准恒定的(浮子浸入液体的体积 V 为恒定值)。当液位改变时，原有的力学平衡在浮子受浮力的扰动下，将通过钢带的移动达到新的平衡。液位检测装置(浮子)根据液位的情况带动钢带移动，位移传动系统通过钢带的移动带动传动销转动，进而作用于计数器来显示液位的情况。变送器把这种液位情况转换成标准电信号，通过信号线输出。

33. 浮子钢带式液位计的正确调试步骤是什么？

浮子钢带式液位计校验时，应用手动装置升、降浮子至罐体的顶部或底部，分别调整仪表指针和输出信号，使指示值和输出值符合该仪表精度要求。

34. 浮子钢带式液位计常见故障及处理措施有哪些？

指示失灵：现场仪表盒内存在污物或盘簧轮（塑料材质）变软成为胶质，使之不能传动，造成钢带脱轨。清理污物更换盘簧轮并恢复钢带。

35. 浮球式液位开关的工作原理是什么？

浮球液位开关结构主要基于浮力和静磁场原理设计生产的。带有磁体的浮球（简称浮球）在被测介质中的位置受浮力作用影响：液位的变化导致浮球位置的变化。浮球中的磁体和传感器（磁簧开关）作用，产生开关信号。

36. 浮球式液位开关正确的检查方法是什么？

浮球式液位开关检查时，应用手平缓操作平衡杆或浮球，使其上、下移动，带动浮球使微动开关触点动作。

37. 浮球式液位开关的常见故障及处理措施有哪些？

（1）开关通断失常：检查是否温度过高导致浮球磁铁磁性减弱，工作温度应保持在60°以内。

（2）无开关信号输出：探杆存在污垢，使浮球无滑动，需清理探杆。

（3）浮球开关误动作：检查周围是否存在磁场，如有强磁场需作消磁措施。

（4）无显示和动作：干簧管损坏，需更换。

38. 音叉式物位开关的工作原理是什么？

音叉物位开关通过安装在音叉基座上的一对压电晶体使音叉在一定共振频率下振动。当音叉与被测介质相接触时，音叉的振幅和频率发生突变，智能电路对此进行检测并将这种变化转换为一个开关信号输出。

39. 音叉式物位开关正确的检查方法是什么?

音叉式物位开关检查时,将音叉股向上放置,通电后(有指示灯的应亮)用手指按压音叉端部强迫停振,用万用表测量其常开或常闭触点应动作。

40. 音叉式物位开关的常见故障及处理措施有哪些?

音叉式物位开关常见的故障为输出状态没有变化:导致这一原因的可能性为音叉受力挤压变形无法产生共振,此时需要调整回原来状态使共振正常,如果恢复后依然不能工作,说明已经损坏,需更换;另一种可能为音叉部分有附着物,使音叉固有的振动频率发生改变,此时需清理附着物看能否恢复正常。

41. 电容式物位开关的工作原理是什么?

电容式物位开关是利用开关的探头(感应极)与筒壁(接地电极)作为电容器的两个极板,当电容器的两个极板间的介质发生变化时,其电容值也会发生变化,物位开关独特的分析处理单元检测这一变化的大小,当这一变化值达到开关的设定值时,即转换开关信号输出,从而反映出被测介质或物料界面的高低。

42. 电容式物位开关正确的检查方法是什么?

电容式物位开关检查时,使用500V兆欧表检查电极,其绝缘电阻应大于10MΩ。调整门限电压,使物位开关处于翻转的临界状态。将探头插入物料后,状态指示灯亮,输出继电器应动作。

43. 阻旋式物位开关正确的检查方法是什么?

阻旋式物位开关检查时,通电后用手指阻挡叶片旋转,调整灵敏度弹簧,输出继电器应动作。

44. 光学界面仪的调试步骤是什么？

（1）电流信号线性设定：取两种不同体介质分别置于遮光容器内，将探头感测器与液体充分接触（为避免不同介质之间的相互影响，每次测试前需用柔软物品擦拭感测器）。

（2）用万用表直流电压档测量出各液态介质通过界面仪转换后的电压值（注意极性），并作好记录。

（3）通过计算得出各介质对应 4～20mA 线性信号输出，并以此判断介质。

（4）调用组态软件输入计算后的低端和高端电压值和输入输出百分数；测试输出信号应成线性；将探头感测器与被测液体充分接触，确定线性化后的电流输出应与被测介质相对应。

第六节　执 行 器

1. 调节阀的工作原理是什么？

调节阀用于调节介质的流量、压力和液位。根据调节部位信号，自动控制阀门的开度，从而达到介质流量、压力和液位的调节。

2. 调节阀有哪些结构组成？

调节阀一般由阀体部件与执行机构两大部分组成。阀体部分是调节阀的调节部分，它直接与介质接触，由执行机构推动其发生位移而改变节流面积，从而达到调节的目的。

3. 调节阀的分类有哪些？

调节阀最常用的分类是按其能源类型来分类的，分为气动调节阀、电动调节阀、液动调节阀。一般来讲，阀是通用的，可以配用气动执行机构，也可以配用电动执行机构或其它执行机构。

4. 调节阀的执行机构的作用形式有哪几种？

气动执行机构分正作用和反作用。和阀芯的正装、反装组合，可以组合出正作用气开阀、反作用气开阀、正作用气关阀、反作用气关阀。

5. 调节阀的流量特性是什么？

调节阀的流量特性是指介质流过阀门的相对流量与相对位移（阀门的相对开度）间的关系。分为线性流量特性、等百分比流量特性、抛物线流量特性和快开特性。

6. 调节阀的调试项目有哪些？

膜头气密试验、阀体强度试验、阀座泄漏量试验、行程精度试验、全行程时间试验、灵敏度试验。

7. 调节阀调试时应做哪些校验项目？

调节阀在校验时要进行的试验项目有：膜头气密性试验、阀体耐压强度试验、阀门泄漏量试验、行程精度试验、全行程时间试验和阀门灵敏度试验。

8. 调节阀调试时如何进行膜头气密性试验？

将与最大气信号压力等值的仪表净化风输入薄膜气室，切断气源后 5min 内，气室压力不应下降。

9. 调节阀调试时如何进行阀体强度试验？

由具备阀体强度试验资质的试验站做强度试验，由仪表校验人员作阀门开关的配合工作。试验在阀门全开状态下用（5 ~ 10℃）的洁净水进行，要求强度试验压力为公称压力的 1.5 倍，持续时间 3min，没有可见的泄漏现象为合格。

10. 如何进行调节阀的泄漏量试验?

(1)要求试验所用介质为 5 ~ 40℃空气、氮气或清洁水，试验压力为 0.35MPa。当阀的允许压差小于 0.35MPa 时，应选用设计规定的值。

(2)试验时气开阀的气动信号压力为零，气关阀的信号压力为输入信号上限值加上 20kPa；用量杯量取泄漏的介质量，然后与计算的允许泄漏量进行比较来判断其泄漏是否合格。当用气体介质作试验时，用排水取气法收集泄漏的气体量进行比较。

(3)不同规格的阀门允许泄漏量见表 2-8-5。

表 2-8-5　允许泄漏量

规格 DN/ mm	允许泄漏量	
	泄漏量/(mL/min)	每分钟气泡数
25	0.15	1
40	0.30	2
50	0.45	3
65	0.60	4
80	0.90	6
100	1.70	11
150	4.00	27
200	6.75	45
250	11.10	—
300	16.00	—
350	21.60	—
400	28.40	—

(4)允许泄漏量计算公式见表 2-8-6。

表 2-8-6　允许泄漏量计算公式

泄漏等级	试验介质	试验程序	最大阀座泄漏量/(L/h)
Ⅰ			由用户与制造厂商定
Ⅱ	水或气体	A	$5 \times 10^{-3} \times$ 阀额定容量
Ⅲ	水或气体	B	$10^{-3} \times$ 阀额定容量
Ⅳ	水	A 或 B	$10^{-4} \times$ 阀额定容量
	气体	A	
Ⅳ—S1	水	A 或 B	$5 \times 10^{-4} \times$ 阀额定容量
	气体	A	
Ⅳ—S2	气体	A	$2 \times 10^{-4} \times \Delta P \times D$
Ⅴ	水	B	$1.8 \times 10^{-7} \times \Delta P \times D$
Ⅵ	气体	A	$3 \times 10^{-3} \times \Delta P \times$ 表 2-8-5 规定的泄漏量

注：ΔP 为阀前后压差(kPa)；D 为阀座直径(mm)。

①对于可压缩流体体积流量，绝对压力为 101.325kPa 和绝对温度为 273K 的标准状态下的测量值。

②A 试验程序时，应为 0.35MPa，当阀的允许压差小于 0.35MPa 时，用设计规定的允许压差。

③B 试验程序时，应为阀的最大工作压差。

(5)调节阀的额定容量计算公式见表 2-8-7。(阀的额定容量是指在规定条件下的流量，由 K_V 计算获得)

表 2-8-7　额定容量计算公式

介质	条件	
	$\Delta P < 1/2 p_1$	$\Delta P \geqslant 1/2 P_1$
液体	$Q_1 = 0.1 K_V \sqrt{\dfrac{\Delta P}{\dfrac{\rho}{\rho_0}}}$	
气体	$Q_g = 4.73 K_V \sqrt{\dfrac{\Delta P \cdot P_m}{G(273 + t)}}$	$Q_g = 2.9 P_1 K_V / \sqrt{G(237 + t)}$

注：Q_1—液体流量(m^3/h)；Q_g—标准状态下的气体流量(m^3/h)；K_V—额定流量系数；P_1—阀前绝对压力(kPa)；P_2—阀后绝对压力(kPa)；ΔP—阀前后压差(kPa)；t—试验介质温度(℃)，取20℃；G—气体相对密度，空气相对密度为1；ρ/ρ_0—相对密度(规定温度范围内的水 ρ/ρ_0 为1)；$P_m = \dfrac{P_1 + P_2}{2}$(kPa)。

11. 阀门的行程精度有何要求？

不带定位器的阀，行程精度要求为不大于 ±2.5%，带定位器的阀，行程精度要求为不大于 ±1.0%。

12. 阀门调校时如何进行管路连接？

阀门调校时如图 2-8-10 所示连接管路，检查连接管路无误后供上气源。

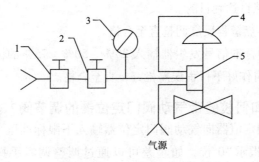

图 2-8-10　管路连接图

1—过滤减压阀；2—定值器；3—标准压力表；4—调节阀；5—气动(或电/气)阀门

13. 如何校验不带阀门定位器(或电气转换器)的调节阀？

(1)用定值器向薄膜气室输入下限标准压力信号，阀杆行程应指示"0"位，如超差，可以通过调整执行机构调节弹簧的松紧程度，直至合格。

(2)用定值器向薄膜气室输入上限标准压力信号，阀杆行程应指示满量程，如超差，可通过调整阀杆长度，直至合格。

(3)零点量程反复调整直至合格。

(4)用定值器输入25%、50%、75%的标准压力信号，然后再作好下行程误差检查，阀位指示如以全行程(mm)乘上刻度的百分数，即能得到行程的毫米数，直至合格。

14. 如何校验带电气转换器的调节阀?

(1)用标准信号发生器向电气转换器输入下限输入信号(4mA),阀杆行程应指示"0"位,如超差可通过调整电气转换器调零螺钉达到目的。

(2)用准信号发生器向电气转换器输入上限输入信号(20mA),阀杆行程应指示满量程,如超差,可通过调整电气转换器量程螺钉达到目的。

(3)零点量程反复调整直至合格。

(4)用标准信号发生器输入25%、50%、75%的标准电流信号,然后再作好下行程误差检查,直至合格。

15. 如何校验带气动阀门定位器的调节阀?

(1)用定值器向气动阀门定位器输入下限标准压力信号,阀杆行程应指示"0位,如超差可以通过调整调零手操轮,直至合格。

(2)用定值器向气动阀门定位器输入上限标准压力信号,阀杆行程应指示满量程,如超差可通过调整反馈连杆的角度(或反馈连接件的位置)等方法达到目的,直至合格。

(3)零点量程反复调整直至合格。

(4)用定值器输入25%、50%、75%的标准压力信号,然后再作好下行程误差检查,阀位指示如以全行程(mm)乘上刻度的百分数,即能得到行程的毫米数,直至合格。

16. 如何校验带电/气阀门定位器的调节阀?

(1)用标准信号发生器向电/气阀门定位器输入下限输入信号(4mA),阀杆行程应指示"0"位,如超差,可通过调零手操轮(或调零螺钉)调整电/气阀门定位器挡板支点螺钉(改变喷嘴挡板之间的距离)达到目的。

（2）用标准信号发生器向电/气阀门定位器输入上限输入信号（20mA），阀杆行程应指示满量程，如超差，可通过量程钮调节挡板臂向行程增加（或减小）方向移动达到目的；也可通过调整反馈连杆的角度（或反馈连接件的位置）等方法达到目的。

（3）零点量程反复调整直至合格。

（4）用标准信号发生器输入25%、50%、75%的标准压力信号，然后再作好下行程误差检查，阀位指示如以全行程（mm）乘上刻度的百分数，即能得到行程的毫米数，直至合格。

17. 如何进行阀门的全行程时间试验？

全行程时间试验：在调节阀处于全开（或全关）状态下，操作调节阀，使调节阀趋向于全关（或全开），用秒表测定从调节阀开始动作到调节阀走完全行程的时间，该时间不得超过设计规定值。

18. 如何进行阀门的灵敏度试验？

调节阀的灵敏度可用百分表测定，给定调节阀气室内不同的压力信号，阀位分别停留于相应行程处，增加或降低信号压力，测定使阀杆开始移动的压力变化值，且不得超过信号范围的1.5%。有阀门定位器的调节阀压力变化值不超过0.3%。

19. 调节阀试验时需要注意哪些事项？

（1）试验前要充分清洗调节阀阀腔内部，防止杂物残留，否则会引起阀芯与阀座之间关闭不严，出现泄漏量超标，甚至影响阀芯导向部位动作不良。

（2）配管和配线接口的塞盖等，在性能试验中可以拆下但要及时恢复，直到配管工程和配线工程开始时再拆除。临时接头连接处为了防止漏气而使用的密封材料在拆卸时要清除干净，防止进入气管路而堵塞放大器。

(3)调节阀在调试过程中，强度和泄漏试验完成后，必须用压缩空气或者氮气吹扫干净，使内部不含有水滴，调校完成后必须将连接法兰口密封好，防止进入水和油等杂质。

(4)手轮应在没有气源情况下操作，操作结束后手轮必须回到规定位置，否则自动控制时达不到规定的行程。超过规定位置，用力过大时有可能损坏手动机构。

(5)压力试验是检验阀体本身是否有砂眼、机械连接部位是否严密以及受压有无变形等，试验必须由有资质的单位进行。试验介质的选用根据阀门应用场合的不同选用洁净水或空气(也可以使用氮气)，要求在阀门全开的前提下升压至公称压力的 1.5 倍，在规定时间内无可见的泄漏为合格。

(6)调节阀规格表中经常出现的 C、K_V 和 C_V 是计算允许泄漏量的重要参数，需要明确它们的定义和关系($1C_V = 1.17C$)，另外在 Fisher 调节阀中还使用 C_g 和 C_s 分别表示气体和蒸汽的流量系数。

(7)泄漏试验中的气穴影响。在使用水作试验时，应仔细消除阀体和管路内的气穴。同时，需要先在阀体内充满水，加到要求的压力后等泄漏量稳定时再进行测量，否则就可能测试到偏低的数据，得出错误的结论。

(8)调节阀的行程精度试验应放在其它试验项目之后进行。

(9)当调节阀配有电磁阀时，通电前要检查接线正确与否，供电电压是否和电磁阀要求一致。

20. 调节阀的常见故障及处理措施有哪些?

(1)控制阀动作卡涩，不顺畅:可能原因是控制阀填料函压盖压太紧或阀杆缺少润滑油，阀杆与填料摩擦太大，阀门动作时就产生卡涩、跳动现象。处理措施是给填料函注润滑油，同时可适当拧松点压盖，以不泄漏为好。

(2)控制阀加信号不动作：可能原因是仪表风压力不足或过滤器减压阀设定压力过低。检查仪表风压力，调高过滤器减压阀设定压力，使风压能满足定位器工作需要；如果是带手轮的控制阀，则还有可能是手轮机构位置不在自动位置，限制了控制阀的动作。处理措施是将手轮机构置于自动位置。

(3)控制阀加信号动作时喘振：可能原因是定位器反馈杆连接螺丝松动。处理措施是紧固反馈杆与定位器、控制阀阀杆的连接。

(4)控制阀行程精度超差：阀门定位器零点、量程未调整好。处理方法是重新调校定位器，使其精度符合要求；阀门定位器安装位置不正确。一般来讲，阀门定位器的反馈杆在阀门行程为50%时，应该处于水平位置。处理措施是调整定位器位置使其符合上述要求。

21. 电磁阀的结构组成有哪些？

电磁阀一般由线圈、弹簧部件、铁芯等组成。

22. 电磁阀是如何分类的？

电磁阀按其断电时电磁阀的状态分为常开型和常闭型；按动作方式可分为直动式、分步直动式和先导式电磁阀；按结构可以分为两位三通式和四通电磁阀等。

23. 电磁阀的工作原理是什么？

简单地说，电磁阀是通过线圈带电和失电产生磁场，带动铁芯提升或降落来实现对开关流体通路或进行换向的。

24. 电磁阀的调试方法是什么？

把测量管道正确连接到电磁阀进气口并通入洁净的空气，用符合要求的电源使电磁阀带电，看电磁阀是否动作并能打开，气体由电磁阀出气口流出，如动作正常说明电磁阀工作正常。

25. 电磁阀的常见故障及处理措施有哪些?

(1)电磁阀不动作:电源电压过低,达不到电磁阀的动作功率,更换合适的电源即可;线圈断路,用万用表检查线圈是否有断路情况,如果线圈烧断需更换线圈;铁心卡住使其不能动作,检查铁心部件并加以处理。

(2)电磁阀动作,但气路不能关严:检查弹簧部分弹性是否太小,不能带动铁心复位,需要更换合适的弹簧;铁心锈蚀卡涩,清理锈蚀部分;通气部件有污物或锈蚀,清理后便可解决。

(3)电磁阀动作不灵敏:接线不牢固,紧固接线;动作部分锈蚀,需清理。

(4)电磁阀有跳动现象:检查接线是否牢固;电磁阀周围有磁场干扰,需屏蔽磁场解除干扰源。

第七节　机械量检测监视仪表

1. 常见的机械量检测监视仪表有哪些?

常见的机械量检测监视仪表有振动检测仪表、位移检测仪表和转速检测仪表。

2. 机械量检测监视仪表调试前应检查哪些项目?

检查探头部分是否有损坏部分;确认探头、延伸电缆、前置放大器是否匹配;明确前置器供电电压是 24VDC 还是 220VAC;核对探头检测部分尺寸是 5mm 还是 8mm;检查探头与延伸电缆、延伸电缆与前置放大器的接头部分是否有污物。

3. 振动传感器有哪几种?

振动传感器有电涡流式振动传感器、电感式振动传感器、电容式振动传感器、压电式振动传感器、电阻应变式振动传感器。

4. 电涡流式振动传感器的工作原理是什么？

电涡流式振动传感器是根据电涡流效应的工作原理做成的，它属于非接触式传感器。通过传感器的端部和被测对象之间距离上的变化，来测量物体振动参数。主要用于振动位移的测量。

5. 电感式振动传感器的工作原理是什么？

电感式振动传感器是依据电磁感应原理设计的一种振动传感器。电感式振动传感器设置有磁铁和导磁体，对物体进行振动测量时，能将机械振动参数转化为电参量信号。应用于振动速度、加速度等参数的测量。

6. 电容式振动传感器的工作原理是什么？

电容式振动传感器是通过间隙或公共面积的改变来获得可变电容，再对电容量进行测定而后得到机械振动参数的。可以分为可变间隙式和可变公共面积式两种，前者可以用来测量直线振动位移，后者可用于扭转振动的角位移测定。

7. 压电式振动传感器的工作原理是什么？

压电式振动传感器是利用晶体的压电效应来完成振动测量的，当被测物体的振动对压电式振动传感器形成压力后，晶体元件就会产生相应的电荷，电荷数即可换算为振动参数。其可以分为压电式加速度传感器、压电式力传感器和阻抗头。

8. 电阻应变式振动传感器的工作原理是什么？

电阻应变式振动传感器是以电阻变化量来表达被测物体机械振动量的，是一种振动传感器。

9. 振动检测仪表调试的正确步骤是什么？

（1）探头应安装在倾斜转盘中央上方的固定卡套中，使滑动臂对准"0",用塞尺调整探头和倾斜转盘的间隙为 1.0mm(如图 2-8-11 所示)或等于探头特性曲线直线段的中点。

(2)抽去塞尺,接好探头与前置放大器的连线,分别给仪表和转盘接通电源,仪表应指示零。

(3)将转盘转速调整到额定转速。

(4)调整探头卡套滑臂,增加转盘倾斜度,以提高转盘旋转时的振动值,使滑臂末端分别指示测量范围的 25%、50%、75%、100%,轴振动仪的指示与此相对应,允许误差为 ±5%,否则应反复调整仪表的零位与范围。

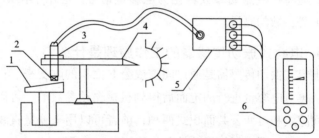

图 2-8-11　振动仪表调试原理图

1—倾斜转盘;2—探头;3—卡套座;4—滑臂;
5—前置放大器;6—轴振动监视仪

10. 振动检测仪表的常见故障及处理措施有哪些?

(1)无输出值:检查前置放大器、延伸电缆和探头部分是否损坏,如有损坏现象,需更换对应部件。

(2)输出值不稳定:探头安装不牢固,需紧固探头安装部位;测量监测周围存在强电场干扰信号,通过隔离干扰磁场可以消除。

(3)输出值出现电跳:探头、探头与延伸电缆连接处、延伸电缆与前置放大器连接处存在污物,需清洗污染部位,消除电跳。

（4）输出值与实际值有误差：探头、延伸电缆及前置放大器匹配错误，需更换对应部件使其匹配。

（5）输出为最大值：探头、延伸电缆、前置放大器连接不好，出现断路现象，检查连接部位，紧固连接处；探头安装位置与被测部位间距过大，调整安装距离，使其在正确的测量范围内。

11. 位移检测仪表的工作原理是什么？

位移探头通过与被测物体间的间隙变化，使其产生的电涡流而吸取振荡器的能量，使振荡器输出幅度线性衰减，根据其衰减量的变化，通过间隙与电压或电流的变化的关系实现位移的测量。

12. 位移检测仪表调试的正确方法是什么？

轴位移监视仪连同探头、专用电缆、前置放大器等按下列顺序作系统试验：

（1）接通电源，调整探头与待测表面的间隙为特性曲线的中点，或调整间隙为出厂资料中的规定数值，使仪表指示零。

（2）旋转测微计，使试片向前推进，推进的距离为仪表的最大刻度值，仪表应指示正向最大刻度，否则，调整"校准"电位计。然后旋转测微计，使仪表回零，并使试片向后移动到最大距离，仪表应指示负向最大刻度值。零位和范围反复调整，直到符合要求。

（3）调整测微计，使试片表面与探头间距分别为全刻度的 0、±50%、±100%，记录仪表的读数，允许误差为 ±5%。

13. 位移检测仪表的常见故障及处理措施有哪些？

（1）无输出值：检查前置放大器、延伸电缆和探头部分是否损坏，如有损坏现象，需更换对应部件。

（2）输出值不稳定：探头安装不牢固，需紧固探头安装部位；

测量监测周围存在强电场干扰信号，通过隔离干扰磁场可以消除。

（3）输出值与实际值有误差：探头、延伸电缆及前置放大器匹配错误，需更换对应部件使其匹配。

（4）无法正确测量：安装时，中间位置选择错误，需通过计算正确安装间隙。

（5）输出为最大值：探头、延伸电缆、前置放大器连接不好，出现断路现象，检查连接部位，紧固连接处。

14. 转速检测仪表的工作原理是什么？

转速接近式传感器与轴上凸出齿轮或键槽相配合，当齿轮或键槽通过检测探头发生变化时，就产生一个脉冲，通过脉冲变化和齿数的对应计算关系，测量出相对轴系的转速值。

15. 转速检测仪表调试的正确方法是什么？

转速显示仪的校验可用低频信号发生器作为脉冲信号源，信号频率应在 0 ~ 20000Hz 范围内可调，脉冲幅度应可调整，校验步骤如下：

（1）根据机组提供的主、从齿轮的齿数，计算出对应的频率数，并调整好显示表的分频开关。

（2）送电前，将低频信号发生器的信号频率置于"0"，信号电压置于"0"，检查接线与电源无误后，分别接通电源。

（3）把低频信号发生器的频率调整到100Hz，旋转电压旋钮，逐渐提高信号电压，直到转速显示仪开始显示频率数字。

（4）调整频率旋钮，使频率分别为被测机械最大额定转速的0、25%、50%、75%、100%、120%，转速表的显示数值允许误差为仪表量程的 ±0.2%。

16. 转速检测仪表的常见故障及处理措施有哪些？

(1)无转速输出值：探头安装距离过远，检测不出脉冲变化；探头、延伸电缆、前置放大器连接不牢固，出现断路现象。

(2)转速时有时无：探头安装松动，需按正确间距安装牢固；连接处松动，紧固连接处。

(3)转速检测不正确：齿数及转速计算参数不正确，正确组态参数。

(4)输出值不稳定：测量周围存在较强磁场干扰，消除干扰即可。

17. 行程开关的工作原理是什么？

行程开关是一种根据运动部件的行程位置而切换电路的电器，因为将行程开关安装在预先安排的位置，当装于生产机械运动部件上的模块撞击行程开关时，行程开关的触点动作，实现电路的切换。

18. 行程开关的常见故障及处理措施有哪些？

(1)挡板碰撞开关，触点不动作：开关位置安装不当，调整开关到合适位置；触点接触不良，清洗触点；触点连接线脱落，紧固触点连接线。

(2)位置开关复位后，动断触点不能闭合：触杆被杂物卡住，清理卡住触杆的杂物；动触点脱落，重新调整动触点；弹簧弹力减退或被卡住，更换弹簧或清理卡住物；触点偏斜，调整触点。

(3)杠杆偏转后触点未动：行程开关位置太低，将开关上调到合适位置；机械卡阻，打开后盖清扫开关。

第八节 在线分析仪表

1. 在线分析仪表在调试前应做哪些检查？

在线分析仪表在调试前应做技术文件核对、仪表设备外观检查、配件完备情况核对、上电检查等项目的检查工作。

2. 在线分析仪表的种类有哪些？

在线分析仪表分类有很多种，按测定方法分：光学分析仪、电化学分析仪、色谱分析仪、物性分析仪、热分析仪等。按被测介质的相态分：气体分析仪和液体分析仪。

3. 热磁氧分析仪应做哪些检查工作？

热磁氧分析仪校验应通电恒温24h，对电气单元检查。

4. 氧化锆分析仪的调试步骤是什么？

氧化锆氧分析仪校验应先通电2h，检测器开始预热升温，约30min温度升至锆头工作温度并恒定后，再调整功能键至"测量"位置，此时液晶显示器、状态指示灯均应正常。校验按下列步骤进行：

（1）调整功能键至"维护"位置；

（2）检查各项参数配置应符合工艺测量要求；

（3）进行零点调整，将标准零点样气（含氧量为1%）导入检测器内，调节流量至0.6L/min，待流量指示稳定后，按零点调整键1min后，液晶显示器显示"1.00"；

（4）量程调整：将标准量程样气（或氧浓度为21%的仪表空气）导入检测器内，调节流量至0.6 L/min，待流量指示稳定后，按量程调整键1min后，液晶显示器显示量程气浓度；

（5）分别检查 4～20mA 输出值。

5. 微量氧分析仪的调试步骤是什么？

（1）电解槽检测器槽内 KOH 溶液补充至适当液面。

（2）打开工艺样气截止阀，调节流量至 400mL/min。

（3）检测器通电 24h，加热器送电恒温 45℃±10℃。

（4）脱氧器用 N_2 吹扫 15min，关闭工艺样气入口截止阀，通入零点 H_2，H_2 压力调节至 0.1MPa。

（5）进行零点校正。

（6）进行量程校正。

（7）用 H_2 标定氧含量：调整功能按钮至"检查"位置，电解槽反应器导入标准样气，液晶显示电解电流值，按如下公式换算氧含量值：

$$A = 12.75 \times \frac{273 + T}{FH_2} \times I \qquad (2-8-10)$$

式中　A——氧含量，mg/L；

　　　T——反应温度，℃；

　　　FH_2——标准气流量，mL/min；

　　　I——电解电流，mA。

（8）利用电解电流值也可按表 2-8-8 和表 2-8-9 对标准氧含量取值。

表 2-8-8　电解电流参数与标准氧气含量取值（0～10mg/L）

电解电流/mA	0	2	4	6	8	10
标准 O_2 含量/(mg/L)	0	2.1	4.1	6.08	8.02	10

表 2-8-9　电解电流参数与标准氧气含量取值（0～100mg/L）

电解电流/mA	0	20	40	60	80	100
标准 O_2 含量/(mg/L)	0	22.5	43.5	63	81.8	100

6. 红外线气体分析仪应做哪些调整？

红外线气体分析仪应在送电达到恒温后，再打开切换开关进行下述调整：

(1)将切换开关置于"振荡调整"位置，指针在 0～100% 范围内移动为正常，然后旋转调整旋钮，使指针指示红色标记处。

(2)把切换开关切到"振荡检查"位置，指针应仍在红色标记处。

(3)重复本条(1)、(2)项步骤。

(4)将切换开关切到"测量"位置，通入标准样气，进行零点和量程调整。

7. pH 计如何进行标定？

pH 转换器在模拟校验后，配制好的 pH7、pH4、pH9 三种标准溶液按照下列方法进行标定：

(1)将电极放入 pH7 中，待 5min 之后，调整组合电位器，输出对应的毫安值，指示为 pH7。

(2)将电极放入蒸馏水中清洗，用滤纸吸去电极上的水，再放入 pH4 或 pH9 溶液中，待 5min 后，应输出对应的毫安值，指示为 pH4 或 pH9，否则应调整量程。

(3)按(1)、(2)两过程反复调整、直至标定完毕。

8. 氢分析仪的调试步骤是什么？

氢分析仪校验时，先用零点样气导入测量池 10～15min 进行充分置换后，再对分析仪通电预热 10min，按下列步骤进行校验：

(1)零点调整：导入零点样气，调节流量至 500mL/min。调整分析仪上零点电位器，使液晶显示器显示 0.00，并检查输出信号应为 4mA ± 0.2mA。

(2)量程调整：导入满度样气，调节流量至 500mL/min 稳定后，调整灵敏度电位器，使液晶显示器显示 100，并检查输出信号应为 20mA±0.2mA。

9. 黏度分析仪/干点分析仪的标定方法是什么？

黏度分析仪/干点分析仪校验时，采用运行动态标定法：

(1)启动采样预处理系统，加热恒温系统、计量系统、检测系统、指示记录系统，并恒温 24h。

(2)采集样品不少于 3 组，按 GB/T 255 的规定作平行样品分析。

(3)校正指示仪表恒差值。

10. 可燃气体和有毒气体检测器应进行哪些检查和调整？

可燃气体或有毒气体检测器应在送电后进行下列检查和调整：

(1)断开任意一根连线，仪表应发出声光报警信号。

(2)按下报警试验按钮，仪表应指示报警刻度处。

(3)气体检测器应用标准样气标定，标准样气中被测气体含量应在仪表测定范围内，并在报警值以上。

(4)多点式报警控制器应相对独立，并能区分和识别报警场所位号。

(5)报警设定值应根据下列规定确定：可燃气体报警（高限）设定值≤25%LEL；有毒气体的报警设定值≤1TLV。

(6)指示误差和报警误差应符合下列规定：可燃气体的指示误差：指示范围为 0~100%LEL 时，±5%LEL；有毒气体的指示误差：指示范围为 0~3TLV 时，±10%指示值；可燃气体的报警误差：±25%设定值以内；有毒气体的报警误差：±25%设定值以内。

(7)检测报警响应时间应符合下列规定：可燃气体检测报警：扩散式小于30s，吸入式小于20s；有毒气体检测报警：扩散式小于60s，吸入式小于30s。

11. 电导仪的校验方法是什么？

电导仪可采用电阻模拟法校验，现场校验时，应将电极浸泡在标准电导液中校验指示刻度，标准电导液不应少于两种。电极从前一种液体移置于后一种液体之前，应用蒸馏水浸泡多次，并用滤纸吸干液体。按下"检查"按钮，内装指示器应指示80%。

12. 密度计的调试步骤是什么？

(1)信号转换器配置检查。

(2)密度传感器检查，标准空气参考密度校验。

(3)流体密度计取样法校验。

(4)标准密度计法校验。

第九章 仪表系统试验

第一节 检测与调节系统试验

1. 仪表回路测试前应做哪些准备工作？

仪表回路测试前应作好下列准备工作：

(1)图纸准备：包括流程图、平面图、规格书、联校回路记录空白表格等技术资料。

(2)岗位人员安排。

(3)仪表回路测试所需设备的准备。

(4)工具准备。

(5)工作过程中耗材准备。

2. 仪表回路测试应具备哪些条件？

(1)回路中的仪表设备、装置、仪表线路、仪表管道安装完毕。

(2)组成回路的各种仪表的单台试验和校准已经完成。

(3)仪表配线和配管经检查确认正确完整，配件附件齐全。

(4)回路电源、气源和液压源已能正常供给并符合仪表运行的要求。

(5)工程师站、操作站上电已完成并已作完组态检查工作。

(6)机柜室盘柜已上电完成并已通过 FAT 及 SAT 测试。

(7)联校条件确认表已通过建设单位及监理确认签字。

3. 仪表系统试验前机柜室应具备哪些条件？

(1)机柜室整齐清洁。

(2)空调已投用并且机柜室温湿度在合理范围内。

(3)机柜室接地系统已完成并完成相应检查且符合规定。

(4)系统已上电完成且工作正常。

(5)进盘柜电缆挂牌工作已完成。

4. 仪表系统试验前 DCS、SIS 系统应具备哪些条件？

(1)DCS、SIS 系统柜、安全栅柜、继电器柜等已通过系统上电申请并已上电。

(2)DCS、SIS 盘柜接地系统已完善并通过相应检查。

(3)FAT、SAT 测试已完成。

(4)DCS、SIS 系统组态完成且已通过测试。

5. 仪表系统试验前现场应具备哪些条件？

(1)现场仪表设备、装置、仪表线路、仪表管道安装完毕。

(2)仪表配线和配管经检查确认正确完整，配件附件齐全。

(3)回路电源、气源和液压源已能正常供给并符合仪表运行的要求。

(4)管道吹扫、试压工作已完成。

6. 仪表回路测试前应准备哪些工具及设备？

(1)需准备的设备：现场通讯器(375 或 475)、信号发生器、打压泵(包括适合各量程调试的标准表)、万用表、机械量校验设备(TK3)。

(2)需准备的工具及耗材：螺丝刀、扳手、剥线钳、压线钳、对讲机、短接线、标签纸、联校空白记录表格(SH/T 3503)、绝缘胶带、记录本、荧光笔。

7. 现场进行仪表调试时仪表信号一般有哪几类？

模拟量输入信号（AI）、模拟量输出信号（AO）、数字量输入信号（DI）、数字量输出信号（DO）、脉冲量信号（频率信号）。

8. 模拟量回路校验时通讯器与仪表如何连接？

在进行模拟量回路校验时，通讯器的通讯线挂在仪表的正负接线柱上且不区分正负极。通讯器与仪表连接如图2-9-1所示。

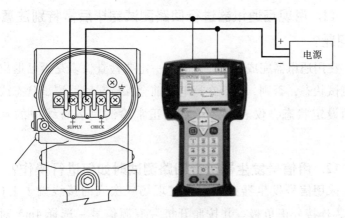

图2-9-1　通讯器与仪表连接图

9. 仪表回路测试时一般选择几点校验？

（1）在回路测试时，对于模拟量一般采用三点校验：0%、50%、100%，带有报警点的同时检查报警动作是否正常。

（2）对于数字量回路只需要进行断开和闭合（0和1）两点测试；脉冲回路一般按照频率对应量程范围给出相应的0%、50%、100%进行校验。

10. 模拟量回路测试时通讯器的正确操作步骤是什么？

在使用通讯器进行现场回路测试时一般的操作步骤为：开机－选择 HART－Online－Device setup－Diag/Service－Loop test－EN-

TER – 选择 4mA 对应 DCS 显示 0%，12mA 对应 DCS 显示 50%，20mA 对应 DCS 显示 100% – End，退出回路测试界面。需要注意的是，在回路测试中如果系统设定有报警点，则需要通过仪表报警点对应量程比例换算成毫安信号，通过通讯器发送对应毫安信号进行检测系统是否报警。

报警值计算公式：（报警设定值/仪表组态量程）× 16 + 4mA。

11. 用现场通讯器进行回路测试完毕后需特别注意什么问题？

在用通讯器完成回路测试时，一定要检查仪表是否已退出回路测试状态，否则，仪表在掉电以前会保持在回路测试状态或报警值设定状态，仪表投运后不能正常检测仪表管线中的真实状态。

12. 用信号发生器进行回路测试时如何进行操作？

采用信号发生器必须连接在现场一次表的接线端子上（串联），连接分正负极。并按照开机 – 有源信号 – 选择 4mA 对应DCS 显示 0%，12mA 对应 DCS 显示 50%，20mA 对应 DCS 显示100% – 退出 – 恢复接线的正确步骤进行回路测试。

13. 回路测试完成后应做哪些检查完善工作？

（1）回路测试完成后应检查接线是否牢固。

（2）仪表盖子是否拧紧，作到防水防尘。

（3）仪表是否显示正常（与实际工况一致）。

（4）完成以上工作后对已完成回路测试仪表粘贴已完成标签指示。

14. 回路测试过程中对 DCS 系统应检查哪些内容？

在回路测试过程中，一定要仔细确认现场仪表的组态量程是

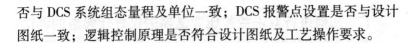

否与 DCS 系统组态量程及单位一致；DCS 报警点设置是否与设计图纸一致；逻辑控制原理是否符合设计图纸及工艺操作要求。

15. 如何填写联校记录表格？

(1)注意表格的页边距，一般规定上、左为 25mm，下、右为 20mm，以便于装订。

(2)注意记录表格填写的字体，根据要求选择宋体、楷体或国标楷体 5 号。

(3)一个回路号只能填写在本回路的位号信息。

(4)在记录过程中要作到数据真实有效；字体书写要工整，不能涂改(书写错误处可用斜线划掉)。

(5)对于液位仪表，流量仪表应该填写压力单位和计量单位两种。

(6)无填写内容的用"/"代替。

(7)有报警显示栏应填写报警值。

(8)调试结果应按照要求填写"合格"和"不合格"。

(9)对于存在问题的回路，应作好相应的记录，记录问题应清晰明了，对于问题反馈相关工程师并上报处理。

(10)每天完成回路测试的记录应有相关部门人员(施工单位、监理、建设单位)的签字确认，保证资料的同步性。

16. 如何进行压力回路的回路测试？

对于一般的压力回路，在进行回路测试时，首先通过通讯器连接到仪表设备上，对于模拟量进行三点校验，带有报警点的同时检查报警动作是否正常；对于数字量回路只需要进行断开和闭合(0 和 1)两点测试；脉冲回路一般按照频率对应量程范围给出相应的 0%、50%、100%进行校验。对于重要且有特殊要求的压力回路需通过调试加压设备进行物理量给定试验。

17. 如何进行双法兰差压变送器的仪表迁移量的调试?

在双法兰差压变送器安装完成以后,由于毛细管硅油的存在,在变送器的负压室都会产生静压差,为了仪表的正常检测,需进行仪表量程的迁移工作,一般有两种方法可以实现:

(1)通过通讯器进行自动迁移。

(2)通过重新写入量程进行迁移,把仪表的当前显示值作为仪表量程的低限值(零点),把仪表量程减去仪表当前值的绝对值作为上限值(满量程值),完成仪表的量程迁移。

18. 压力回路测试中出现变送器与手操器无法通信的故障该如何处理?

这类故障在回路测试时经常碰到。遇到这类问题,首先要核对变送器所采用的通信协议是否与通信器一致,必须要使二者的通信协议一致。如果还是通信不上,则最可能的原因是回路阻抗不匹配。解决方法是在回路中串联一个 250Ω 电阻,一般情况下问题都能解决。

19. 压力回路测试中出现变送器输出达不到满量程的故障该如何处理?

这类问题最可能的原因是回路阻抗不匹配,导致回路供电电压低于变送器的工作电压。解决方法是检查回路中的安全栅,查看其产品说明书的技术指标,如安全栅的阻抗与变送器不匹配,则应更换与变送器相匹配的安全栅。

20. 压力回路测试中出现变送器指示值跑负值的故障该如何处理?

可能原因为变送器憋压或正负测量管道接反,通过放空和更改测量管道正负即可解决。

21. 差压变送器测流量出现流量指示不正常、偏高或偏低的故障该如何处理？

差压变送器测流量时，特别是在试车阶段工况不稳定的情况下，经常出现流量指示不正常，偏高或偏低现象，或者没有指示等现象。仪表工在处理故障时应向工艺人员了解故障情况，了解工艺情况，如被测介质的情况、机泵类型、简单工艺流程等。故障处理可以按图2-9-2所示思路进行判断和检查。

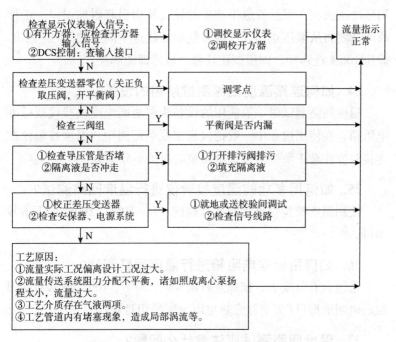

图2-9-2 压力回路故障处理判断及检查

22. 差压变送器测蒸汽流量出现流量指示不正常的故障该如何处理？

差压变送器测量蒸汽流量，在试车阶段投表时，流量指示不正常。最可能的原因是正负压测量管道中冷凝液高度不一样。关掉一次阀，检查冷凝液情况，灌注冷凝液使其充满整个测量管道，再打开一次阀投用仪表，故障一般都能解决。

23. 测量蒸汽压力的压力变送器投用后指示值比实际值偏高如何处理？

测量蒸汽压力的压力变送器投用后，指示值比实际压力偏高可能是由于测量蒸汽压力的变送器安装位置低于取压点，仪表投用后冷凝液积在测量管道里产生静压，从而引起附加误差。这种故障需要将从取压点到变送器膜盒中心线这个高度的液柱产生的静压100%迁移掉，即所谓正迁移，故障即能解决。

24. 如何连接温度回路测试所用的设备？

温度回路测试时一般使用的设备为多功能温度校验仪或标准电阻箱，在使用过程中一般把仪表串联到回路中，温度校验仪在连接时要注意正负极对应，电阻箱的连接不分正负。

25. 如何用多功能温度校验仪进行温度回路测试？

使用温度校验仪直接输入量程的0%、50%、100%温度信号即可。

26. 如何用标准电阻箱进行温度回路测试？

通过查看分度表，按照量程的0%、50%、100%输入对应温度的电阻值即可(需要注意热电阻分度号相对应)。

27. 温度回路测试应注意什么问题？

(1)连接处不能松动；正负极不能接反。

(2)使用多功能温度校验仪时对应分度号要选择正确。

(3)使用外部补偿时，冷端补偿温度要合适。

(4)核对仪表与DCS操作画面的量程、单位是否一致。

（5）DCS报警点设置是否与图纸一致。

28. 温度回路测试完成后应做哪些恢复工作?

接线恢复要正确牢固，防止仪表正常使用时温度值不正确或跳动；密封盖要做好防雨防尘；回路完成后做好相应的回路测试完成标识。

29. 热电偶回路常见的故障及处理措施有哪些?

热电偶回路测试常见故障及处理方法见表2-9-1：

表2-9-1　热电偶回路测试常见故障及处理方法

故障现象	可能原因	处理方法
DCS 或显示仪表指示值偏低	1. 热电极短路	1. 找出短路原因：如因潮湿所致，则需进行干燥；如因绝缘子损坏所致，则需更换绝缘子
	2. 热电偶的接线柱处积灰，造成短路	2. 清扫积灰
	3. 补偿导线线间短路	3. 找出短路点，加强绝缘或更换补偿导线
	4. 热电偶热电极变质	4. 在长度允许的情况下，剪去变质段重新焊接，或更换新热电偶
	5. 补偿导线与热电偶极性接反	5. 重新按正确极性接线
	6. 补偿导线与热电偶不配套	6. 更换为相配套的补偿导线
	7. 热电偶安装位置不当或插入深度不符合要求	7. 重新按规定安装
	8. 热电偶冷端温度补偿不符合要求	8. 调整冷端补偿器
	9. 热电偶与显示仪表不配套	9. 更换热电偶或显示仪表使之相配套
DCS 或显示仪表指示值偏高	1. 热电偶与显示仪表不配套	1. 更换热电偶或显示仪表使之相配套
	2. 补偿导线与热电偶不配套	2. 更换补偿导线使之相配套
	3. 有直流干扰信号进入	3. 排除直流干扰

故障现象	可能原因	处理方法
DCS 或显示仪表显示值不稳定	1. 热电偶接线柱与热电极接触不良	1. 将接线柱螺丝拧紧
	2. 热电偶测量线路绝缘破损，引起断续短路或接地	2. 找出故障点，修复绝缘
	3. 热电偶安装不牢或外部振动	3. 紧固热电偶，消除振动或采取减震措施
	4. 热电极将断未断	4. 修复或更换热电偶
	5. 外界干扰（交流漏电，电磁场感应等）	5. 查出干扰源，采取屏蔽措施
DCS 或显示仪表指示值误差太大	1. 热电极变质	1. 更换热电极
	2. 热电偶安装位置不当	2. 改变安装位置
	3. 保护管表面积灰	3. 清除积灰

30. 热电阻回路常见的故障及处理措施有哪些？

热电阻回路测试常见故障及处理方法见表 2-9-2：

表 2-9-2　热电阻回路测试常见故障及处理方法

故障现象	可能原因	处理方法
显示仪表指示值比实际值低或示值不稳	保护管内有金属屑、灰尘，接线柱间积灰以及热电阻短路	除去金属屑，清扫灰尘，找出短路点，加好绝缘
显示仪表指示无穷大	热电阻或引出线断路	更换热电阻或焊接断线处
显示仪表指示负值	显示仪表与热电阻接线有错或热电阻短路	改正接线，找出短路处，加好绝缘
阻值与温度关系有变化	热电阻丝材料受蚀变质	更换热电阻

31. 温度回路常见的故障及处理措施有哪些?

在现场试车时，由于在回路测试过程中已经排除了热电偶和补偿导线极性接反，热电偶与补偿导线不配套等因素。排除了上述因素后，就可以按图2-9-3的思路逐步进行判断和检查，直至故障解决。

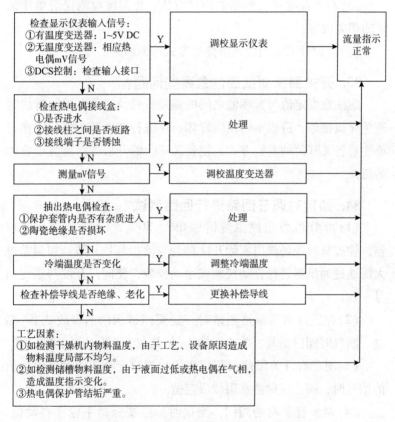

图2-9-3　温度回路故障处理判断及检查

32. 开关回路测试有哪些方法?

(1)对于没有特殊要求或不具备使用调试设备进行调试的开

关回路，采用信号线短接及断开以改变信号状态的方法进行测试。

（2）对于有特殊要求的压力开关，采取使用加压设备增加压力物理量的方法进行测试，测试方法见压力检测仪表单体调试中相关内容。

（3）对于温度开关回路的测试方法，见温度检测仪表单体调试的相关内容。

（4）液位开关采用注入液体的方式检测回路。

33. 开关回路测试应注意哪些问题？

应注意设定值与实际值之间的偏差，并及时作调整；拆线时避免导线接地，造成室内保险烧坏；在进行音叉开关恢复工作时要注意音叉开关的安装方式，使音叉部分的开口方向垂直于物体的流向。

34. 如何对调节回路进行回路测试？

（1）由 DCS 发出模拟量信号 0%、50%、100% 到阀门定位器，检查核对现场阀门实际开度是否与给出信号一致，如偏差过大需通过通讯器进行自动校验或手动校验，使阀门开度与给定信号一致。

（2）在进行调节回路测试时一定要测试阀门的事故状态（断电、断气时阀门是开、关或保持），使其与工艺设计要求相一致。

（3）对于有开关限位的阀门来说，当给定小于或大于限位值的信号时，阀位应保持在限位设定值。

（4）对于有手轮的阀门，测试时一定要保持手轮在自动位，否则进行回路测试时，阀门会出现阀位失准的现象，需作重新调整。

（5）对于分程控制的阀门要注意对于两台阀门的动作行程设

定范围，不能盲目的判断阀门行程是否有问题的存在，注意 DCS 输出为 0% 时阀门是否为关闭状态，100% 时是否为全打开状态，可采用当 DCS 给定 0% 信号以后，标记阀杆位置，再给定 -5% 信号，检查阀门是否有动作趋势，如果阀门依然有行程动作，则需用通信器或手动调整，使 DCS 给定 0% 信号时，阀门在全关状态，全开检查方式与全关一样，给定信号为 105%。

35. 如何对开关阀进行回路测试？

（1）由 DCS 或 SIS 系统给定信号 0 或 1（即开或关，0、1 为系统逻辑值），此时阀门应全开或全关，阀门开关状态要符合逻辑要求。

（2）开关阀依然要作事故状态的确认工作。

（3）在进行开关阀测试时，一定要检查阀门是否有连锁复位的功能（有些特殊阀门需现场复位才能恢复，如炉区燃料气或燃料油管线的开关控制阀），不可盲目判断阀门动作有错误。

36. 如何对电磁阀进行回路测试？

电磁阀原理其实与开关阀一致，即由 DCS 或 SIS 系统给定信号 0 或 1（即开或关，0、1 为系统逻辑值），此时电磁阀应失电关或带电开（存在失电开或带电关的情况，保证与逻辑设计一致），阀门开关状态要符合逻辑要求。

37. 阀门回路测试时对其使用的气源、电源有何要求？

对于气源要保证符合阀门的额定供气压力，且气源应稳定干燥清洁，防止由于气源不足造成阀门不动作或动作缓慢的情况，气源有水分或杂物则会造成定位器的烧坏或气路堵塞；电源要满足额定电压和功率的要求，避免因电压或功率不足造成阀门不动作情况的产生。

38. 特殊阀门如何进行回路测试？

对于一些需要特殊设定的阀门，要根据设计要求和厂家说明书进行检查核对，使其动作满足工艺设计要求。

39. 分析回路测试中如何选择使用有源信号和无源信号？

（1）当设备有单独供电电源时，信号发生器选择有源信号。

（2）当设备没有单独供电电源时，信号发生器选择无源信号。

40. 如何进行分析回路的测试？

使用信号发生器串联在分析回路中发送（有源/无源）信号至DCS 记录其 0%、50%、100% 的数值变化。

41. 工业酸度计的常见故障及处理方法有哪些？

工业酸度计常见故障及处理方法见表 2-9-3。

表 2-9-3　工业酸度计常见故障及处理方法

故障现象	可能原因	处理方法
指示值不准	①仪器误差大；②电极被污染；③绝缘不良；④玻璃电极老化或裂纹；⑤变送器接线盒内受潮	①新调校仪器；②用脱脂棉轻擦球泡，或用 0.1mol 盐酸清洗；③查电极与电缆的接线端及仪器和电缆的接线端绝缘是否良好，玻璃电极 17#接线端绝缘电阻应大于 1012Ω，用低电压高绝缘计测量时一定要把电极断开，拆掉连接仪器的插头；④更换玻璃电极；⑤检查并烘干
指针超出刻度或缓慢漂移超出刻度	①甘汞电极内溶液流完或陶瓷管内有气泡，使测量回路断开；②电极接线端有断线或脱线；③高阻转换器异常	①检查并补充 KCl 溶液，驱出气泡；②重新接线；拆去电极线，短接 16#、17#端子，仪器应稳定指示下限值（pH7 或 pH2），检查放大器各工作点、晶体管 T1-T10 各极对地电压，找出故障并排除

续表

故障现象	可能原因	处理方法
指针抖动	①接地不良；②R24电位器整定不好；③变送器接线盒是否有水	①将3#、8#端子用导线接通检查；②适当调整R24电位器，但不允许顺时针调节，余量小于1/3周；③打开接线盒，烘干处理

42. 氧化锆氧分析仪的常见故障及处理方法有哪些？

氧化锆氧分析仪常见故障及处理方法见表2-9-4。

表2-9-4 氧化锆氧分析仪常见故障及处理方法

故障现象	可能原因	处理方法
仪表指示偏高	①安装法兰密封不严造成漏气；②标气入口堵塞不严或未堵塞造成漏气；③锆管破裂漏气；④锆管与瓷管封接处漏；⑤炉温过低造成内阻过高；⑥量程电势偏低；⑦探头长期未进行校准；⑧锆管产生微小裂缝，导致电极部分短路渗透；⑨锆管老化	①重新处理，保证法兰密封严实；②将标气入口堵好；③更换锆管；④将漏处查出后，进行封补；⑤校正炉温；⑥调整量程电势；⑦校准探头；⑧更换锆管；⑨适当提高炉温可继续使用，若仍不起作用，可考虑更换锆管
仪表指示偏低	①炉温过高；②探头长期未进行校准；③量程电势偏高；④炉内燃烧不完全而存在可燃性气体；⑤过滤器堵塞造成气阻增大	①校正炉温；②校准探头；③校正量程电势；④调整燃烧工况，气样加净化器；⑤吹、清洗或更换过滤器
仪表无指示	①电炉未加热；②电路输出信号开路或接触不良；③锆管的多孔铂电极断路	①检查热电偶是否断及温控电路，针对故障排除或更换；②接好线路；③更换锆管

续表

故障现象	可能原因	处理方法
输出信号波动大	①探头老化内阻大；②取样点不合适；③锅炉燃烧不稳定甚至明火冲击探头；④气样流量变化大	①更换锆管；②更改取样位置；③与工艺配合检查，调整工艺参数；④更换气路阀件
各档均指满量程	①电极信号接反；②电极脱落或长期使用后铂电极蒸发	①正确接线；②更换锆管
表头指针抖动	①放大倍数过高；②接线端子接触不良	①调整放大倍数；②排除接触不良问题
电炉不加热	①热电偶断路；②加热丝断裂；③温控失调；④冷凝水侵蚀断裂连线	①更换或重焊；②更换加热丝；③检查温控电路，更换损坏元件；④更换或连好接线
表头大幅度无规则摆动	气样带水并在锆管中气化	检查气样有无冷凝水或水雾，并将锆管出口稍向下倾斜，修改预处理装置

43. 热导式氢分析仪的常见故障及处理方法有哪些?

热导式氢分析仪（RD-004 型）常见故障及处理方法见表2-9-5。

表 2-9-5　热导式氢分析仪常见故障及处理方法

故障现象	可能原因	处理方法
通电后桥路无20mA 电流	①桥臂铂丝断；②外电路不通；③稳压电源元件损坏	①更换铂丝；②检查连线及插座；③修理稳压源

续表

故障现象	可能原因	处理方法
对传送器恒温控制系统供电，但指示灯不亮，或亮度不大	①指示灯烧坏或接触不良，保险丝烧断；②系统电源线路断线；③加热继电器触点断开	①更换指示灯，消除接触不良现象，更换保险丝；②检查电源线路，焊好断线；③更换继电器
分析电桥桥体温度高于60℃，指示灯不灭	①接点水银温度计断；②干簧继电器触点粘住	①换水银温度计；②更换干簧继电器
分析电桥桥体温度低于60℃，指示灯不亮	①指示灯烧坏或接触不良，保险丝烧断；②固定式接触水银温度计两触点引线短路	①更换指示灯，消除接触不良现象，更换保险丝；②检查水银温度计，消除短路现象
二次仪表指示最大或最小	①二次仪表信号开路或短路，输入信号极性接反；②电桥桥臂断线或短路；③二次仪表故障	①检查信号线，正确接输入端极性；②更换电桥铂丝；③检修二次仪表
二次仪表指示不稳，记录曲线接近正弦波或锯齿波	①水银温度计失灵，桥体温度波动大于0.5℃；②温度计与插入孔间隙较大，感温效果差	①更换水银温度计；②将温度计测温端用铝箔裹紧，并将温度计插孔的间隙塞满铝箔
转子流量计指示偏低或无指示	①球型过滤器堵塞；②流量计下端小孔堵塞；③针阀损坏	①清洗过滤器并进行干燥处理；②清洗流量计；③更换或修理针阀

续表

故障现象	可能原因	处理方法
仪表指示不稳或波动幅度大	①电源工作不稳或漂移大；②分析器电桥输出端接触不良；③电源电压低于190V	①检查稳压电源；②检查插件接触不良部分；③若电源电压经常低于190V，需用调压器将其调高，或用磁饱和稳压器给仪器供电；④A型接插件的各接点簧片要定期擦洗，以保持接触良好

第二节　报警系统试验

1. 报警可分为哪几种？

报警可以分为高高报（HH）、高报（H）、低报（L）、低低报（LL）。

2. 报警回路如何进行测试？

（1）压力报警测试是在压力回路测试完成后，一般将输入值给定到50％，查看DCS设定的报警值是多少，再将给定值缓慢调到报警值，看DCS是否报警。如果报警，再将给定值缓慢降下来，查看回差是多少。每个报警值依次类推，并作详细记录。

（2）温度、流量、差压报警回路测试方法与压力回路报警测试方法一致。

（3）对于开关量报警回路测试只需要现场改变仪表的状态，检查系统报警是否报警及恢复即可。一般情况下，只需要实现"0"和"1"状态变化。

3. 报警盘状态试验如何进行？

报警盘内部动作状态试验步骤：

（1）按试验按钮，报警信号灯应全部亮；

（2）报警输入端接点接入模拟信号，使各报警回路均处于正常状态；

（3）逐个短接（或断开）事故输入接点，使报警回路逐个处于报警状态，按动作状态表检查灯光和音响信号，在报警、消铃、复位状态下，灯光和音响均应符合状态表的要求。

4. 报警回路测试应注意哪些问题？

注意高点报警应从低位向上缓慢输入给定值，到达报警点之后缓慢下降查看报警恢复值；低点报警应从高点缓慢向下输入给定值，达到报警点之后缓慢上升，查看报警恢复值。报警值及恢复值应符合设计规定及工艺要求。

5. 如何进行报警系统试验？

根据逻辑因果原理图，绘出系统的因果关系动作状态表。在外部线路不接入的情况下，对仪表盘内部各仪表进行动作状态检查。在全部线路接通的情况下，从现场端输入相应的模拟/数字试验信号，按动作状态表进行检查。

6. 如何进行报警系统模拟输入试验？

在外部线路全部接通的情况下，应进行报警系统模拟输入试验，试验步骤如下：

（1）向系统供电，检查各报警回路的灯光应与现场各接点的状态相符。

（2）在回路的输入端，从现场输入相应的模拟试验信号，音响、灯光变化均应符合设计文件要求，消音和复位按钮应正常工作。

（3）对每一个报警回路重复（2）的步骤进行试验。

（4）上述检查中如发现与设计文件不符时，应检查外部线路、报警设定值及报警元件。

第三节　联锁保护系统试验

1. 联锁保护系统和程序控制系统试验的前提条件是什么？

（1）系统有关装置的硬件和软件功能试验已经完成，系统相关的回路试验已经完成。

（2）系统中的各有关仪表和部件的动作设定值，已根据设计文件规定进行整定。

2. 联锁控制回路试验的人员有何要求？

由于联锁控制系统在生产装置中是保证正常生产、安全生产的重要保障，所以，在进行联锁控制系统试验时，对调试人员要有严格的要求：责任心强、工作态度仔细、能熟练读懂联锁逻辑图、对工艺控制原理有一定的基础。

3. 单回路联锁控制回路如何进行试验？

单回路联锁控制回路相对来说是比较简单的逻辑控制回路，它是组成某个逻辑控制系统或整个装置联锁逻辑控制系统的基本组成单位，在进行单回路联锁控制回路测试时，只需要根据设计要求给定相应的逻辑联锁值，检查触发联锁的条件和引起的联锁结果是否符合设计规定及工艺要求即可。

4. 二取二联锁控制回路如何进行试验？

二取二联锁控制回路是指触发某一结果的条件有两个，当两个条件同时触发时才能引起结果的变化。在试验时，要同时满足两个触发条件，检查触发结果是否满足设计规定及工艺要求。

5. 三取二联锁控制回路如何进行试验？

三取二联锁控制回路即当触发联锁的三个条件中有任意两条达到设定值时才能引起联锁结果的变化。在进行测试时，要注意的是要保证每一点都要检测试验到位，不能有遗漏现象，如触发联锁的条件有 a、b、c 三个，试验时，要分别选取 a、b，a、c 和 b、c 进行试验，并检查触发的结果是否正确。

6. 点多、程序复杂的联锁控制回路如何进行试验？

联锁点多、程序复杂的系统，宜分项和分段进行试验后再进行整体检查试验。

7. 与电气及设备专业相关的联锁保护系统试验应注意哪些问题？

系统试验中应与相关专业配合，共同确认程序运行和联锁保护条件及功能的正确性，并对试验过程中相关设备和装置的运行状态和安全防护采取必要措施，避免误动作情况的产生，造成设备损坏。

8. 汽轮机组联锁保护试验应注意哪些问题？

汽轮机的启动、停车联锁系统的试验，应切断蒸汽，用执行机构的动作模拟汽轮机的启动、运行、停车。

9. 启动、停车联锁模拟试验应满足哪些要求？

大型机组的联锁保护系统应在润滑油、密封油系统正常运行的情况下进行试验，其启动、停车联锁系统模拟试验应满足下列要求：

（1）任一条件不满足时，机器应不能启动。

（2）所有启动条件均满足时，机器才能启动。

（3）在运行中，某一条件超越停车设定值时，应立即停车。

（4）所有停车条件应逐一试验检查，均应满足设计文件要求。

（5）起动、运行、停车时音响、灯光均应符合设计文件要求。

第三篇 质量控制

第一章 仪表设备安装

1. 图 3-1-1 中的温度仪表设备安装有何不妥，如何进行改正？

(a)　　　　　　　　　　　(b)

图 3-1-1　仪表设备安装

（1）图（a）不妥之处是仪表设备紧固件材质使用不一致，存在错用问题。图（b）不妥之处是设备安装前未将合格证收集起来，存在丢失损坏的风险。

（2）仪表设备安装所用紧固件的材质、规格型号要符合设计文件规定，紧固件入库后物装部门要按照规定涂刷色标，紧固件领用和安装中要注意同一台仪表设备所用紧固件的色标是否一致，避免出现错用。

（3）仪表设备单体调试合格后安装到施工现场之前，要及时收集设备合格证以便进行设备报验。

2. 图3-1-2中的法兰式变送器安装有何不妥，如何进行改正？

图3-1-2　仪表设备安装

（1）图中不妥之处是法兰式变送器的毛细管未采取防护措施，毛细管容易损坏。

（2）仪表毛细管的敷设应有保护措施（采用角钢等进行防护），其弯曲半径不应小于50mm，周围温度变化剧烈时应采取隔热措施。

3. 图3-1-3中的仪表变送器安装有何不妥，如何进行改正？

（1）不妥之处是仪表变送器安装后未采取成品保护措施，导致污损严重。

（2）仪表设备安装到施工现场以后应用石棉布等不易燃的物品对仪表设备进行成品保护。

图 3-1-3 仪表设备安装

4. 图 3-1-4 中的仪表接线箱安装位置有何不妥，如何进行改正？

图 3-1-4 仪表设备安装

（1）不妥之处是仪表接线箱安装位置不合理，不便于操作维护，且安装后用塑料布进行保护的成品保护措施不当。

（2）现场接线箱等仪表设备的安装位置应符合设计文件规定，且安装在光线充足、通风良好和操作维修方便的位置；安装后应及时用石棉布等不易燃的物品对设备进行成品保护。

5. 图 3-1-5 中的仪表接线箱安装后接线时有何不妥，如何进行改正？

（a）　　　　　　　　　　　　　　　（b）

图 3-1-5　仪表设备安装

（1）图（a）不妥之处是仪表接线箱安装后接线不及时，且未对电缆芯线采取保护措施。图（b）不妥之处是接线箱保护接地未连接。

（2）电缆接线时，一旦将电缆芯线剥出以后要及时将芯线放进接线箱内，如遇特殊原因不能进入设备内部，要作好芯线的保护。

（3）供电电压高于 36V 的现场仪表的外壳，仪表盘、柜、箱、支架、底座等正常不带电的金属部分，均应进行保护接地。因此，仪表接线箱外壳要连接可靠的保护接地。

6. 图3-1-6中的仪表设备接线口连接处有何不妥，如何进行改正？

(a) (b)

图3-1-6 仪表设备安装

（1）图（a）不妥之处是仪表防爆挠性软管接头螺纹与仪表设备进线口螺纹不匹配，接头脱落，失去对电缆的防爆密封作用。图（b）不妥之处是铠装电缆的钢丝裸露在密封接头外面，电缆防爆密封接头未对电缆起到有效的防爆密封作用。

（2）防爆仪表和电气设备引入电缆时，应采用防爆密封接头内的弹性密封圈挤紧或用隔离密封填料进行封固，外壳上多余的孔应作防爆密封，弹性密封圈的一个孔只能密封一根电缆。

7. 图3-1-7中的仪表设备安装挠性软管有何不妥，如何进行改正？

（1）图（a）不妥之处是仪表设备末端连接的防爆挠性软管安装不规范，电缆导管与进线口距离过近使得软管存在过大的应力。图（b）不妥之处是仪表设备末端连接的防爆软管安装位置不合理，影响阀门操作。

（2）电缆导管与就地仪表、仪表箱、接线箱、穿线盒等部件连接时，应有密封措施，管口应低于仪表设备进线口约 250mm，与检测元件或就地仪表之间宜采用挠性管连接。防爆仪表设备引入电缆时，应采用弹性密封圈挤紧或用隔离密封填料进行封固，外壳上多余的孔应作防爆密封，弹性密封圈的一个孔应密封一根电缆。

（a）　　　　　　　　　　　（b）

图 3-1-7　仪表设备安装

8. 图 3-1-8 中的玻璃板液位计安装有何不妥，如何进行改正？

（a）　　　　　　　　　　　（b）

图 3-1-8　仪表设备安装

(1)图(a)和图(b)的不妥之处是玻璃板液位计安装时下部取压口与仪表设备之间缺少一次阀及连接短管,易造成液位计损坏。

(2)玻璃板液位计安装前应先安装好上部和下部取压口的一次阀及连接短管。

(3)玻璃板液位计应安装在便于观察和检修拆卸的位置,液位计安装应垂直,其垂直度允许偏差为5mm/m。

第二章 仪表电缆桥架安装

1. 图 3-2-1 中的仪表电缆桥架的支架安装有何不妥,如何进行改正?

（a） （b）

图 3-2-1 电缆桥架安装

（1）图（a）不妥之处是仪表电缆桥架弯头处缺少支架进行支撑。图（b）不妥之处是电缆桥架缺少立柱进行支撑。

（2）电缆桥架安装时,金属支架之间的间距不宜大于 2m,在拐弯处、伸缩缝两侧、终端处及其他需要的位置应设置支架。垂直安装时,可适当增大距离。

2. 图 3-2-2 中的仪表电缆桥架配件制作有何不妥,如何进行改正?

（1）图（a）不妥之处是仪表电缆桥架弯头制作不规范。图（b）

不妥之处是仪表分支电缆桥架直接从主桥架底部开口且与主桥架之间制作三通未开喇叭口。

（2）电缆桥架的弯头、三通、变径等配件需要在现场制作时，应采用成品的直通电缆桥架进行加工，其弯曲半径不应小于该电缆桥架的电缆最小弯曲半径。现场制作宜采用螺栓连接。加工成形后的配件按照设计文件要求及时除锈、涂刷底漆和面漆。

(a)　　　　　　　　　　　　(b)

图 3-2-2　电缆桥架安装

（3）仪表分支电缆桥架与主桥架之间制作三通应开喇叭口，以满足电缆敷设最小弯曲半径的要求。

3. 图 3-2-3 中的仪表电缆桥架的安装位置有何不妥，如何进行改正？

（1）图（a）不妥之处是仪表电缆桥架与接线箱距离过近导致电缆弯曲半径过小。图（b）不妥之处是仪表电缆桥架与阀门的距离过近，影响阀门的拆卸及维修。

（2）电缆桥架的安装位置应符合设计文件的要求。安装在工艺管架上时，宜在工艺管道的侧面或上方，对于高温管道，不应平行敷设在高温管道上方。

（a）　　　　　　　　　　（b）

图 3-2-3　电缆桥架安装

4. 图 3-2-4 中的仪表电缆桥架安装有何不妥，如何进行改正？

（1）不妥之处是仪表分支电缆桥架末端未加封头、毛刺未清理。

（2）电缆桥架及其构件安装前应进行外观检查，其内外应平整、内部光洁、无毛刺，尺寸应准确、配件应齐全。电缆桥架的末端应加封头。

图 3-2-4　电缆桥架安装

5. 图3-2-5中的仪表电缆桥架开孔有何不妥，如何进行改正？

（a）　　　　　　　　　　　（b）

图3-2-5　电缆桥架安装

（1）图（a）不妥之处是仪表电缆桥架开孔不规范，未加防护圈对电缆进行保护。图（b）不妥之处是仪表电缆导管与桥架之间开孔过大导致电缆导管与桥架之间无法连接固定。

（2）电缆导管引出口的位置应在电缆桥架高度的2/3左右，开孔大小要合适，电缆导管在桥架内外加锁紧螺母进行固定，管口加护口保护电缆。当电缆直接从开孔处引出时，应采取适当措施（加防护圈等）保护电缆。开孔后，边缘应打磨光滑，并及时作防腐处理。

6. 图3-2-6中沿钢梁敷设的仪表电缆桥架有何不妥，如何进行改正？

（1）图（a）和图（b）不妥之处是仪表电缆桥架与立柱的距离过近，桥架被防火涂层污染。

（2）电缆桥架施工时，在有防火要求的钢结构上焊接支架时，应在防火层施工之前进行。电缆桥架与防火层外表面之间的距离至少要保证在50mm以上，防止防火层污染电缆桥架。

(a)   (b)

图 3-2-6　电缆桥架安装

第三章 仪表电缆导管安装

1. 图 3-3-1 中敷设的仪表电缆导管有何不妥，如何进行改正？

图 3-3-1 电缆导管安装

（1）不妥之处是仪表电缆导管与工艺管线距离过近。

（2）电缆导管内的电缆线路与绝热的工艺设备或管道的绝热层表面之间的距离应大于 200mm，与其他工艺设备或管道表面之间的距离应大于 150mm。

2. 图3-3-2 中沿钢梁敷设的仪表电缆导管有何不妥，如何进行改正？

（1）不妥之处是仪表电缆导管与钢梁的距离过近，成品保护措施不到位，防火施工作业时电缆导管造成污染。

（2）电缆导管与防火层之间的距离至少要保证在 50mm 以上，防止防火层污染电缆导管。

图 3-3-2　沿钢梁敷设的电缆导管安装

3. 图3-3-3 中成排敷设的仪表电缆导管有何不妥，如何进行改正？

（1）图（a）和图（b）不妥之处是成排敷设的仪表电缆导管弯曲弧度不一致、不美观。

（2）成排电缆导管安装时，弯曲部分弧度应一致。安装在有弧度的设备或结构上时，其安装弧度应与设备或结构的弧度相同。

(a)   (b)

图 3-3-3 电缆导管安装

4. 图 3-3-4 中敷设的仪表电缆导管连接处有何不妥，如何进行改正？

（1）图（a）不妥之处是仪表电缆导管连接处采用了焊接连接方式，应采取加穿线盒的丝扣连接方式。图（b）不妥之处是电缆导管丝扣连接处缠绕密封带，影响其电气连续性。

（2）电缆导管之间及电缆导管与连接件之间应采用螺纹连接。管端螺纹的有效长度应大于管接头长度的 1/2，并保持管路的电气连续性。

 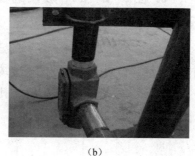

(a)   (b)

图 3-3-4 电缆导管安装

5. 图3-3-5中敷设的仪表电缆导管管口有何不妥，如何进行改正？

（1）不妥之处是仪表电缆导管管口毛刺未清理干净，管口未加保护口。

（2）电缆导管不应有显著的变形，内壁应清洁、无毛刺，管口应光滑、无锐边。

图3-3-5　电缆导管管口处理

6. 图3-3-6中敷设的仪表电缆导管连接处有何不妥，如何进行改正？

（1）不妥之处是向下转弯的三根电缆导管弯管尺寸不统一、排列不整齐；向上转弯的两根电缆导管的穿线盒盒盖未装齐。

（2）成排电缆导管煨弯时，其煨弯处尽量整齐统一；穿线盒盒盖及密封胶垫要紧固牢靠。

图 3-3-6 电缆导管安装

7. 图 3-3-7 中穿墙敷设的仪表电缆导管有何不妥，如何进行改正？

（1）不妥之处一是仪表电缆导管穿墙未加保护套管，应加保护套管，二是穿线盒不应设置在墙洞中。

（2）电缆导管穿墙时，应加保护套管，穿墙电缆导管的套管或保护罩两端延伸出墙面的长度应小于30mm。

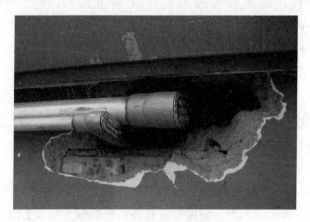

图 3-3-7 电缆导管穿墙安装

8. 图3-3-8中穿钢格板敷设的仪表电缆导管有何不妥，如何进行改正？

图3-3-8　电缆导管穿钢平台安装

（1）不妥之处是仪表电缆导管穿过钢平台时，未焊接保护套或防水圈；电缆导管末端高于仪表进线口，应低于进线口250mm。

（2）电缆导管穿过钢平台时，应焊接保护套或防水圈；电缆导管管口应低于仪表设备进线口250mm。

9. 图3-3-9中敷设的仪表电缆导管支架固定有何不妥，如何进行改正？

（1）图（a）不妥之处是电缆导管末端未加支架固定。图（b）不妥之处是电缆导管缺少支架固定。

（2）电缆导管安装时，金属支架之间的间距不宜大于2m，在拐弯处、伸缩缝两侧、终端处及其他需要的位置应设置支架。垂直安装时，可适当增大距离。

(a)　　　　　　　　　　　(b)

图3-3-9　电缆导管安装

10. 图3-3-10中的防爆密封接头在电缆导管的安装位置有何不妥，如何进行改正？

（1）图（a）不妥之处是防爆密封接头安装位置不正确，应安装在靠近防爆软管一侧。图（b）不妥之处是防爆密封接头安装方向不正确，不应朝上安装，以免进水。

（2）电缆导管与仪表、检测元件、接线箱等连接时，或进入仪表盘、柜、箱时，应安装防爆密封管件，并作好充填密封（加防爆密封胶泥等）。密封管件与电缆导管之间可采用挠性管连接。密封管件与仪表箱、接线箱间的距离不应超过450m。

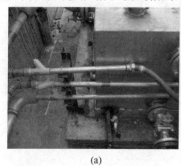

(a)　　　　　　　　　　　(b)

图3-3-10　防爆密封接头安装

11. 图3-3-11中敷设的仪表电缆导管与电气电缆桥架的间距有何不妥，如何进行改正？

（1）图中不妥之处是仪表电缆导管与动力电缆桥架垂直交叉，间距不符合设计及规范的相关规定，且影响电气桥架盖板安装和拆卸。

（2）仪表电缆导管与动力电缆桥架的安装间距要符合设计文件的相关规定。

图3-3-11　电缆导管安装

第四章　仪表电缆敷设及接线

1. 图3-4-1 中敷设的仪表电缆有何不妥，如何进行改正？

（a）　　　　　　　　　　　（b）

图3-4-1　仪表电缆敷设

（1）图（a）不妥之处是仪表电缆敷设混乱，不同型号的电缆混放在一起，未分开敷设，绑扎不整齐。图（b）不妥之处是电缆桥架垂直段内敷设的电缆未采用固定电缆的支架进行绑扎。

（2）在同一电缆桥架内的不同信号、不同电压等级和本质安全防爆系统的电缆，应用金属隔板隔离，并按照设计文件的规定分类、分区敷设。电缆桥架垂直段大于2m时，应在垂直段的上、下端增设固定电缆用的支架。

2. 图3-4-2中敷设的仪表电缆有何不妥,如何进行改正?

　　　　(a)　　　　　　　　　　　　　(b)

图3-4-2　仪表电缆敷设

　　(1)图(a)和图(b)不妥之处是仪表电缆敷设混乱,绑扎不整齐。电缆桥架内电缆敷设量太大太满,导致桥架盖板无法安装。

　　(2)电缆在电缆桥架内应排列整齐,在垂直电缆桥架内敷设时,应用支架固定,并作到松紧适度。电缆在拐弯、两端、伸缩缝、热补偿区段、易振等部位应留有余量。

3. 图3-4-3中在电缆桥架拐弯处敷设的仪表电缆有何不妥,如何进行改正?

　　(1)图(a)和图(b)不妥之处是仪表电缆弯曲处未采取托架及支撑进行固定。

　　(2)电缆敷设应根据现场实际情况按最短路径集中敷设。敷设线路时,不宜交叉,应使线路不受损伤,并横平竖直、整齐美观、固定牢固。

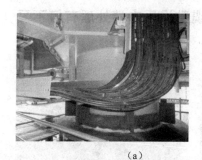（a） 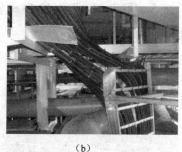（b）

图 3-4-3 仪表电缆敷设

4. 图 3-4-4 中仪表机柜内敷设的仪表电缆有何不妥，如何进行改正？

（1）图（a）和图（b）不妥之处是仪表盘柜处电缆绑扎杂乱、缺少电缆标牌。

（2）电缆敷设应横平竖直、整齐美观、固定牢固。在线路的终端处，应加标志牌。

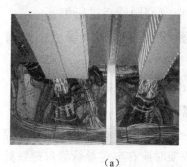（a） 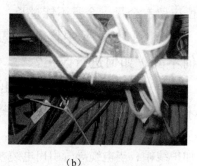（b）

图 3-4-4 仪表机柜电缆布线

5. 图 3-4-5 中仪表电缆敷设后末端处理有何不妥，如何进行改正？

（a）　　　　　　　　　（b）

图 3-4-5　仪表电缆敷设末端处理

（1）图（a）和图（b）不妥之处是仪表电缆末端预留电缆过长、随意摆放，且未将电缆盘好圆圈后进行绑扎。

（2）电缆在拐弯、两端、伸缩缝、热补偿区段、易振等部位应留有余量，余量不能过长，应盘好圆圈后进行绑扎。

6. 图 3-4-6 中仪表电缆敷设时在电缆导管引出处有何不妥，如何进行改正？

（1）不妥之处是仪表电缆引出电缆桥架时未对电缆进行保护，未在电缆导管管口螺纹处加锁紧螺母和护线帽。

（2）当不采用挠性管连接时，仪表电缆导管的末端螺纹处应加护线帽；当电缆导管引出电缆桥架时应在电缆导管管口螺纹处加锁紧螺母和护线帽。

图3-4-6　仪表电缆引出桥架敷设

7. 图3-4-7中仪表电缆敷设后末端处理有何不妥，如何进行改正？

（1）不妥之处是仪表电缆与工艺管道距离过近，易造成电缆被烫伤。

（2）仪表电缆线路不宜敷设在高温工艺设备和管道的上方，线路与绝热的工艺设备和管道的绝热层表面之间的距离应大于200mm，与其他工艺设备、管道表面之间的距离应大于150mm。

图3-4-7　仪表电缆敷设末端处理

8. 图3-4-8中仪表机柜内的电缆布线有何不妥，如何进行改正？

(1)图(a)和图(b)不妥之处是仪表机柜内布线杂乱无章、标识牌不整齐。

(2)仪表盘、柜、箱内的线路宜敷设在汇线槽内，布线应整齐美观，线号标识应耐久、清晰，导线应留有余量。当明线敷设时应根据接线图综合考虑排列顺序，防止交叉，分层应合理。电线束应用塑料扎带绑扎牢固，扎带间距离为100～200mm。

(a)　　　　　　　　　　　(b)

图3-4-8　仪表机柜电缆布线

9. 图3-4-9中仪表接线箱内的仪表电缆接线有何不妥，如何进行改正？

(1)图(a)和图(b)不妥之处是仪表接线箱内布线杂乱、屏蔽接地处理不规范、电缆号头标识不全。

(2)屏蔽电缆的屏蔽层应露出保护层15～20mm，用铜线捆扎两圈，接地线焊接在屏蔽层上。单层屏蔽电缆的屏蔽层应在机柜室仪表盘柜侧(主电缆)或接线箱侧单端接地(分支电缆)，现场仪表设备端电缆的内屏蔽层或单屏蔽层应用 PE 热缩管作绝缘处理，同一回路的屏蔽层应具有可靠的电气连续性，不应浮空或重复接地。

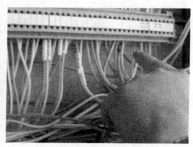

（a） （b）

图3-4-9 仪表电缆接线

10. 图3-4-10 中仪表机柜内的电缆屏蔽接线有何不妥，如何进行改正？

（1）图（a）不妥之处是仪表电缆屏蔽接地线压接不规范、屏蔽线脱落。图（b）不妥之处 1 个接地端子压接 3 根芯线，屏蔽接地未使用接线端子进行压接。

（2）仪表盘、柜、箱内的多股线芯接地导线应采用接线端子压接，不得存在虚接虚压现象。同一个接线端子上的连接芯线不应超过两芯。

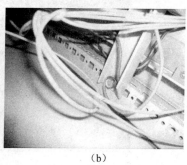

（a） （b）

图3-4-10 仪表电缆屏蔽接线

第五章　仪表管路安装

1. 图3-5-1中仪表箱内敷设的仪表管路有何不妥，如何进行改正？

（1）不妥之处是仪表箱内三阀组与三通之间的仪表测量管道配置不合理。

（2）仪表测量管道的水平敷设应保持1:10～1:100的斜度，测量液体介质进变送器前，不允许出现"∩"形弯，避免出现气阻；测量气体介质进变送器前，不应出现"∪"形弯，防止出现液阻。

图3-5-1　仪表箱内仪表管路连接

2. 图 3-5-2 中仪表管路仪表三阀组终端接头螺纹连接处有何不妥，如何进行改正？

图 3-5-2 仪表三阀组连接

（1）不妥之处是仪表三阀组终端接头螺纹连接处未缠绕密封带。

（2）采用螺纹连接的仪表管道，管子螺纹密封面应无伤痕、毛刺、缺丝或断丝等缺陷，螺纹连接的密封填料应均匀附着在管道的螺纹部分。

3. 图 3-5-3 中仪表管路中管件的焊接有何不妥，如何进行改正？

（1）图（a）和图（b）不妥之处是仪表测量管道焊道外观成型差、飞溅未进行打磨处理。

（2）测量管道的焊接宜采用氩弧焊。有毒、高温高压、可燃介质测量管道对接焊时，应清理管子内外表面，在 20mm 范围内不得有油漆、毛刺、锈斑、氧化皮及对焊接有害的物质。

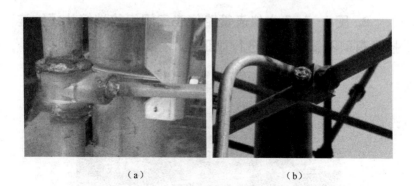

（a）　　　　　　　　　　（b）

图3-5-3　仪表管件焊接外观

4. 图3-5-4中仪表管路安装固定方式有何不妥，如何进行改正？

（1）不妥之处是仪表测量管道与支架之间未固定，管道与支架间未采取防渗碳措施。

（2）测量管道安装位置应根据现场实际情况合理安排，不宜强求集中，但应整齐、美观、固定牢固，宜减少弯曲和交叉。当测量管道成排安装时，应排列整齐、美观，间距应均匀一致。不锈钢管固定时，不应与碳钢材料直接接触，应采取防渗碳措施。

图3-5-4　仪表管路安装固定

5. 图3-5-5 中仪表管路安装固定方式有何不妥，如何进行改正？

图3-5-5 仪表测量管道安装

（1）不妥之处是仪表测量管道排列不整齐，焊道未及时进行酸洗。

（2）当测量管道成排安装时，应排列整齐、美观，间距应均匀一致。不锈钢管道焊接完毕后及时对焊口进行酸洗钝化处理。

第六章　仪表支架安装

1. 图 3-6-1 中仪表支架安装有何不妥，如何进行改正？

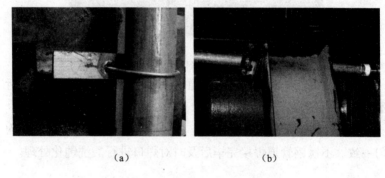

(a)　　　　　　　　　(b)

图 3-6-1　仪表支架安装

(1)图(a)和图(b)不妥之处是仪表支架采用电焊开孔和切割。

(2)制作支架时，应将材料矫正、平直，切口处不应有卷边和毛刺。制作好的支架应牢固、平正、尺寸准确，并按设计文件要求及时除锈、涂防锈漆。

2. 图 3-6-2 中仪表支架安装有何不妥，如何进行改正？

(1)图(a)不妥之处是两个电缆导管的支架焊接在同一位置

时，应合并为一个支架同时固定两根电缆导管；图(b)的不妥之处是支架未及时防腐。

(2)成排敷设的电缆导管支架应排列整齐、固定牢固、横平竖直、整齐美观，在同一直线段上的支架间距应均匀。制作好的支架应牢固、平正、尺寸准确，并按设计文件要求及时除锈、涂防锈漆。

(a)　　　　　　　　　(b)

图 3-6-2　仪表支架安装

第七章　仪表调试

1. 仪表设备到场后应做哪些检查工作?

仪表设备到达现场后,首先要进行仪表设备的开箱检查及验收工作。主要检查的项目包括外观、规格、型号、材质、技术文件、质量证明文件、合格证及装箱清单,并作好相应的开箱检查记录。

2. 调试设备及标准仪器仪表需要审核哪些信息?

调试设备、标准仪器仪表到场后首先要完成报验工作,对设备检定日期、精度、检定机构及资质进行验证。

3. 现场常见仪表进行单体调试需要进行哪些质量检查?

(1)变送器/转换器:检查精度、测量范围、功能、误差、调整、校准,填写变送器/转换器调校记录。

(2)调节阀/执行器/开关阀:检查强度、泄漏、气密、行程、开关时间、精度、灵敏度,填写调节阀/执行器/开关阀调校记录。

(3)热电偶/热电阻:检查绝缘、通断、精度、分度号、测量范围,填写热电偶/热电阻检查记录。

(4)物位仪表:检查测量范围、测量误差、精度,填写物位仪表调校记录。

(5)就地指示仪表:检查测量范围、测量误差、精度、指针

有无卡涩，填写就地指示仪调校记录。

（6）工艺开关：检查精度、测量范围、动作设定值、通断，填写工艺开关调校记录。

（7）分析仪表：检查精度、测量范围、测量误差，填写分析仪调校记录。

（8）智能仪表：检查外观、通电自检、组态检查参数设定值核查、功能测试，填写智能仪表程序设置检查记录及智能仪表功能参数检查记录。

4. 回路联校应注重哪些质量检查内容？

（1）条件确认表的各项内容检查，填写联校试验条件确认表。

（2）仪表系统（回路）调试的量程范围、测量误差、功能检测，填写联校调试记录。

（3）设计文件、联锁/逻辑功能测试，填写报警/联锁系统与可编程序控制系统调试记录。

第四篇　安全知识

第一章 专业安全

1. 校验仪表设备过程中要注意哪些安全事项？

(1)仪表在调试过程中，所用的仪表接头的丝扣要与被校仪表的丝扣相符，以免损坏被校仪表的丝扣，给仪表的正常使用增加泄漏隐患；对于高压仪表在加压前要确保接头等连接部位密封完好，防止在调试过程中油压从接头处喷溅；仪表校准后，所有配件及时复位，避免丢失，注意复位良好，防止进水。

(2)在回路调试过程，因失误易导致人身伤害、设备损坏等危险，因此在施工过程中调试人员要多注意周围环境，佩戴好劳动保护用品，保护好标准仪表设备；现场仪表送电时，必须在确保回路接线正确后，方可送电，以防损坏仪表；对于高处仪表，特别是管线上的热电偶要在搭设合格的脚手架后方可联校；人员监护要到位，落实"三交一清"。

2. 仪表测量管道试压时要注意哪些安全事项？

(1)仪表测量管道试压前，要检查试压系统的连接是否牢固可靠，各种接口螺纹是否匹配。

(2)试压过程中有泄漏时，要先泄压后再处理泄漏点，不得带压进行拆卸，试压后应将水放净。

(3)不准在带压的工艺管线或设备上紧固和拆卸仪表部件，必要时应采取适当的安全措施。

3. 仪表测量管道脱脂时要注意哪些安全事项？

(1)有机溶液不适用于带有橡胶、塑料或有机涂层的组合件，有机溶剂有毒、易燃，使用时要注意安全。氧气管线在安装前，应将管道内的残留物用无油干燥空气或氮气吹扫干净，直至无铁锈、尘埃及其他脏物为止。吹扫时气体流速应大于 20m/s。严禁用氧气吹刷管道。

(2)经除锈、吹扫和干燥后的管道管件应按如下要求脱脂：材质为碳钢、不锈钢的管道管件宜用含稳定剂的三氯乙烯，但应注意三氯乙烯是易挥发的有毒液体，能通过呼吸道中毒，三氯乙烯遇火焰生成光气，因此工作时要采取安全措施加强人身防范及储运事故防范。

(3)各种脱脂用清洗溶剂不得和酸、碱类化学药剂混合存放，库存区和使用点应挂警示牌。

(4)脱脂擦洗作业必须有可靠的防毒劳动保护，作业时间一次每人不得超过连续 2h，超过 2h 作业，应在作业过程中适当休息。在擦洗脱脂和灌注法脱脂过程中，注意人的皮肤不要过多地和溶剂直接接触；擦洗时要戴塑料制品的手套，尽可能避免徒手和溶剂接触。必须徒手清洗时，要随时用清水冲洗。

(5)采用浸泡或擦洗方法进行溶剂清洗时，要注意不要使橡胶制品密封材料被溶剂污染，必要时要拆除橡胶制品密封材料后再进行清洗。

(6)在溶剂清洗现场，严禁进食，并定期检查作业区空气中有害气体的含量，其允许最高浓度为 $30mg/m^3$。

(7)脱脂现场要求通风良好，不受雨水、尘土等侵染。脱脂剂不应受阳光直接照射。

(8)脱脂件在脱脂后应将其内部液态脱脂剂及时排放干净，不得用蒸发干燥的方法去除残液。

4. 仪表及控制系统安装的防爆措施有哪些？

仪表及控制系统安装的防爆措施主要有三个方面：

（1）根据设计要求和爆炸危险场所的区域等级，配置相应类型防爆仪表及电气设备。

（2）爆炸危险场所的电气线路安装必须符合规定。

（3）在安装、运行、维护、检修过程中，若该场所已有爆炸物质或与空气混合形成的爆炸性混合物，工作前，就应采取防爆措施。

5. 电气设备着火时宜使用哪种灭火器灭火？

电气设备着火时，宜使用干粉灭火器、二氧化碳灭火器和1211灭火器，不能使用泡沫灭火器灭火。

6. 如何进行有毒介质设备上的仪表检修？

（1）了解有毒介质的化学成分和操作条件，准备好个人防护用品。

（2）有仪表检修作业证或工作票，并有监护人监护。

（3）站在上风侧作业。

（4）一次仪表拆卸后，需在设备管口加堵头或盲板。

（5）一次仪表直接接触介质的部分应在室外清洗后才能拿回室内修理。

7. 仪表电缆敷设前要注意哪些安全事项？

（1）电缆盘运输前，须对吊车性能、作业半径、绑扎方式、运输路线进行合理分析和具体安排。

（2）较大电缆盘采用机械吊装架盘，选择压实的承重地面。

（3）电缆盘支架制作牢固，滚杠能承受电缆盘重量。

（4）电缆敷设前，相关管理人员和作业人员必须联合检查所有电缆敷设路线及通道的安全可靠性。

8. 仪表电缆在敷设过程中要注意哪些安全事项？

(1)注意正确站位，电缆盘处拉拽的人员站在电缆盘侧面转动电缆盘，并及时调整电缆盘位置，使其处于平稳转动状态。电缆敷设人员站在电缆拐弯处的外侧，在其转弯处的内侧(小于180°)不得站人。

(2)电缆盘搬运和敷设时要有专人指挥，并在电缆盘起落时喊一致性口号，作到作业人员动作一致确保安全施工。

(3)高处作业人员不得站在不牢靠的结构或脚手架上进行作业，高处作业人员必须全程正确系挂合格安全带。

(4)电缆穿过管子时应避免手指被挤伤。

9. 仪表设备、器材搬运应注意哪些安全事项？

(1)任何物件应轻拿轻放。

(2)多人同时搬运时，应有专人指挥，动作协调，同起同落。

(3)采用斜面搬运时坡道的坡度不得大于1:3，并应在坡道中部适当位置加设支撑。

(4)仪表箱、盘柜搬运过程中要注意别磕碰，进盘时提前策划好路线。把盘柜运进控制室最好使用专制的推车。搬运仪表盘、箱时，应防止仪表盘、箱倾倒伤人，仪表盘、箱就位后，应及时用地脚螺栓固定，避免受力倾倒伤人。

(5)仪表设备都是精密仪器，搬运过程中应轻拿轻放，按规格摆好。

10. 安装调试放射性仪表应注意哪些安全事项？

(1)遵守国家颁布的放射性同位素与射线装置有关规定和条例，按照标准安装、操作和维护。

(2)按照操作说明书正确使用安装，在射线源周围工作时，长期工作地点必须在1m以外。

（3）安装、检测、调试放射性装置时，施工人员必须穿戴放射防护劳动保护用品。

（4）更换放射性装置时，必须关闭射线源，更换工作完毕方可打开射线源的封闭块。

（5）不允许人为损坏放射源壳体的密封性能，不允许砸、敲、甩放射源壳体。

（6）放射性同位素不得与易燃、易爆、腐蚀性的物品放在一起，其储存场所必须具有防火、防盗、防泄漏的安全防护措施。

（7）在放射源周围工作一般不要超过2h，超过2h的工作应轮流操作。距离放射源2m内，不许进行电焊，如必须电焊，应暂时将放射源关掉。

（8）若放射性装置封闭损坏或失效，则禁止使用；一旦射线部件损坏，应在射线源周围直径5m范围内竖立警告标识，禁止行人靠近此范围。

11. 仪表检维修时应注意哪些安全事项？

（1）拆卸仪表设备时需排空放压，放空时选择好站立方向，防止发生意外事故。

（2）现场作业需要停表或停送电时必须与操作人员联系，得到允许方可进行。电气操作由电气专业人员按制度执行。

（3）任何仪表和设备，在未证实有无电之前均应按有电对待。凡尚未弄清接线端的接线情况时，都应以高压电源对待。

（4）仪表及其附属设备，送电前应检查电源、电压的等级是否与仪表要求相符合，然后检查绝缘情况，确认接线正确、接触良好后，方可送电。

（5）在防爆区域进行检修时，注意防火防爆，安全使用防爆工具。

（6）在设备内检修时携带行灯，行灯电压不得超过36V；在金属容器内及潮湿容器内及其它易触电危险场所携带行灯电压不得超过12V。

(7)进入有限空间作业，需穿戴好防护用品及防护器具，彻底进行吹扫置换预防发生中毒或窒息。

(8)在高温条件下工作，现场周围必须加设必要的防护隔热设施，以防灼伤或烫伤。

(9)使用手持式电动工具，必须装有漏电保护装置；露天使用的开关，应有防水的措施。

12. 仪表安全检修票应如何办理？

(1)要求写明作业操作的具体位号、内容及范围；风险评价必须写明可能发生的危险因素和具体的消减措施，由当班人员填写，最后由技术人员确认。

(2)仪表安全检修票中涉及的相关工作、确认、审核者，操作人不得代签。

(3)检维修人员必须按照工作票上的内容进行操作，不得超出工作票注明的工作范围作业。

13. 仪表检维修作业有哪些安全技术要求？

(1)检修人员应与工艺人员一同到现场确认一次阀关闭到位，必须泄压彻底，保证至少有两处泄压口确认已无压力。

(2)拆卸仪表接线后即用绝缘胶布包裹，保证其绝缘。防止接地短路或仪表控制、联锁误动作。

(3)检修完毕仪表复位后，必须由两人以上确认接线、导压管恢复无误、接线确已紧固正常。

(4)仪表设备投用前，如需灌隔离液应确认已符合要求，投用顺序需经确认无误后方可操作。

(5)仪表检维修工作结束后，慢慢打开根部阀，并检查仪表导压管各接头无泄漏，指示正常后方可离开现场。

(6)特殊仪表如禁油、禁火仪表在防爆作业区必须使用防爆专用铜扳手。

14. 对有毒有害介质仪表进行检查时应注意哪些安全事项？

在对有毒有害介质仪表(特别是分析类仪表)进行检查时必须配戴相应的防毒面具，两人以上操作，专人监护；并且必须按要求办理工作票并按风险评价的削减措施落实安全措施后方可工作。

15. 浮筒、液位开关等仪表在线检查、检修时应注意哪些安全事项？

(1)浮筒、液位开关等仪表在线检查需拆线检查时，拆线后必须包裹绝缘。

(2)浮筒、液位开关等仪表检修时必须由工艺人员关闭根部阀，仪表人员必须到现场亲自确认无压后方可进行检维修。

(3)浮筒、液位开关等仪表检修泄压过程中，必须逐步缓慢泄压，至少从两处确认设备泄压完毕(如导淋、法兰或变送器堵头多处)，方可进一步拆卸。

16. 仪表灌注隔离液时应注意哪些安全事项？

对所有灌隔离液等需要登高作业的操作，必须在办理登高作业票并采取相应措施的基础上，采用扶梯或搭脚手架后再登高作业，严禁就近攀爬设备、管线和支架登高作业。

17. 仪表配管应注意哪些安全事项？

(1)正确使用切割、打磨和煨弯工具，打磨人员配戴防护面具，切割、弯管时人员站在侧面。

（2）高处作业人员必须全程正确系挂合格安全带。高处作业尽量避免交叉作业，严禁上下投掷工具、材料和杂物等。

（3）所使用材料要堆放平稳，固定牢靠，设置安全警戒线，并设专人监护。

（4）焊接前注意观察作业下方是否有可燃物。焊接时使用接火盆、防火布遮盖，配备灭火器。

18. 仪表盘柜安装应注意哪些安全事项？

（1）熟悉吊装场地的松软程度，采取必要的地基处理等安全防护措施。吊装作业区域设立警戒标识，遵循高空吊装作业管理规定。

（2）临时承重平台经安全检测合格挂牌后方可使用，盘柜在平台上未稳固前吊车不摘钩；必须有三人以上扶盘，所有施工人员统一指挥，相互配合，协调一致。

（3）盘柜运输时降低运载小车重心，增大转弯半径，在转弯时要缓慢，扶正盘柜，防止离心力致倾倒，小车保持匀速运行。

（4）盘柜就位时人员注意力要高度集中，注意脚下孔洞。

19. 焊口酸洗钝化应采取哪些安全防护措施？

（1）作业场所设置警示标识。

（2）酸洗用品妥善保管，放置稳固。

（3）酸洗时佩戴防护眼镜及橡胶手套，防止酸洗液灼伤眼镜和皮肤。

20. 法兰式仪表进行热态和冷态紧固时应采取哪些安全防护措施？

（1）法兰式仪表热态冷态紧固容易发生烫伤、冻伤、高温液体泄漏等安全事项。

（2）法兰式仪表紧固时，施工人员应站在法兰紧固螺栓的侧面，并对称紧固螺栓，防止单面紧固螺栓造成法兰面偏斜，高温或低温介质喷出，烫伤或冻伤施工人员。

21. 电缆沟开挖时应采取哪些安全防护措施？

（1）电缆沟开挖主要存在坍塌、人员坠落等安全隐患，开挖前要详细了解场地状况。

（2）采用挖掘机开挖时，挖掘机的站位要合理，挖掘机作业范围内，严禁人员通过及停留，安排专人监护，并设警示标志。

第二章 通用安全

1. 什么是"四不伤害"？

"四不伤害"是指不伤害自己、不伤害他人、不被他人伤害，保护他人不受伤害。

2. 什么是"三宝""四口"？

"三宝"是指安全帽、安全带、安全网；"四口"是指楼梯口、电梯井口、预留洞口、通道口。

3. 在安全生产工作中，通常所称的"三违"是指哪"三违"？

"三违"是指违章指挥、违章操作、违反劳动纪律。

4. 什么是 JSA 分析？

工作安全分析(JSA)是用来评估任何确定的活动相关的潜在危害，保证风险最小化的方法。工作安全分析是针对一项具体的作业，通过有组织的过程对作业中所存在的危害进行识别、评估，并按照优先顺序来采取控制措施，降低风险，从而将风险降低到可接受程度的一种有组织行为。

5. 什么是人的不安全行为？

职工在职业活动过程中，违反劳动纪律、操作程序和方法等，且可能造成不必要的人员、设备的损伤及事故发生的行为，称为不安全行为。

不安全行为是人表现出来的，与人的心理特征相违背的非正常行为。人在生产活动中，曾引起或可能引起事故的行为，必然是不安全行为。人的不安全行为一般有以下五种表现形式：

(1)在没有排除故障的情况下操作，没有做好防护或提出警告。

(2)在不安全的速度下操作。

(3)使用不安全的设备或不安全地使用设备。

(4)处于不安全的位置或不安全的操作姿势。

(5)工作在运行中或有危险的设备上。

6. 什么是物的不安全状态?

能导致事故发生的物质条件，包括机构设备或环境所存在的不安全因素。物和环境的不安全状态一般有以下八种表现形式：

(1)设备和装置的结构不良，强度不够，零部件磨损和老化。

(2)工作环境面积偏小或工作场所有其他缺陷。

(3)物资的堆放和整理不当。

(4)外部的、自然的不安全状态，危险物与有害物的存在。

(5)安全防护装置失灵。

(6)劳动保护用具和服装缺乏或有缺陷。

(7)作业方法不安全。

(8)工作环境，如照明、温度、噪声、振动、颜色和通风等条件不良。

7. 安全色的颜色及代表的含义是什么?

(1)红色：表示禁止、停止。

(2)蓝色：表示指令。

(3)绿色：表示安全状况。

(4)黄色：表示警告。

8. 安全标志从内容上分为哪几类？

安全标志从内容上分为四类，分别是警告标志、禁止标志、指令标志、提示标志。

9. 对进入施工现场的人员有哪些要求？

(1)按劳动保护要求着装，进入现场必须戴好安全帽，系好安全帽带。

(2)严禁穿易产生静电的服装进入易燃易爆区，行走时应注意四周的环境及机具车辆。

(3)严禁乱动他人操作的机械设备，不得从事与工作无关的事情。

(4)禁止烟火的场所严禁吸烟，工作时不得打闹，严禁酒后上岗。

(5)劳动保护用品，如安全带、安全帽在使用前应由作业人员本人及班组长一起检查其性能，检查合格后方可使用。

10. 进行焊、割作业有哪些规定？

(1)焊工必须持证上岗，无证者不得动火。

(2)需办理动火证的焊、割作业，未办完动火审批手续前，不得动火。

(3)焊工不了解焊、割周围环境的安全状况时，不得动火。

(4)未确认焊件内部已无可燃、易爆物前，不得动火。

(5)装过可燃物料和有毒物质的容器，未经彻底清洗和排除危险之前，不得动火。

(6)用可燃材料作保温、隔热、隔音的部位，未采取可靠的安全措施之前，不得动火。

（7）在有压或密闭的管道、容器上，不得动火。

（8）焊、割部位附近有可燃、爆炸物品，在未作清理或未采取有效的安全措施前，不得动火。

（9）附近有与明火作业相抵触的工种在作业时，不得动火。

（10）与外部相连的管道与设备，在未查清有无险情或明知存在危险而未采取有效措施之前，不得动火。

（11）施工完毕，应仔细检查清理现场，熄灭火种，切断电源方可离开。

（12）高处动火，应有防止火花飞溅的措施，并对地沟、阀门井、排污井和低位置的设备、电气、仪表、管道等设施进行遮盖、密闭或冲洗等保护措施。

（13）电焊机应放置在防水、防潮、防晒且通风良好的机棚内。电焊机的手把软线和接地线应绝缘良好，严禁将接地线接在在用管道、设备（如泵和压缩机等）以及相连接的结构上。严禁焊把在在用化工设备及管道上打火。

（14）焊、割作业前，必须按照相关规程规定办理动火手续。在容器内焊、割作业时，应有良好的通风和排除烟尘的措施。夏季作业时，气瓶应有防晒棚，严禁在阳光下爆晒。

（15）氧气瓶、乙炔气瓶与明火的距离不得小于10m，氧气瓶与乙炔气瓶之间的距离不得小于5m。氧气瓶与乙炔气瓶禁止倒置，乙炔气瓶应立放。氧气瓶与乙炔气瓶的减压阀装卸，应使用专用扳手，严禁用工具敲打。搬运氧气气瓶、乙炔气瓶应轻抬轻放。无保护帽、防震圈的气瓶不得搬运或装车。乙炔气瓶上的易熔塞应朝向无人处。气焊用胶管应用不同颜色区分，乙炔气用红色胶管，氧气用蓝色胶管。胶管不得有鼓泡、破裂、漏气等现象。当焊、割炬回火或连续产生爆鸣时，应及时切断乙炔气。

（16）严禁在带压、可燃、有毒介质管道或设备以及带电设备上进行焊割作业。

11. 现场施工临时用电需要注意哪些事项？

（1）现场用临时电源，需加装漏电保护器，漏电保护器应动作灵敏，且应由班长专门负责检查其性能。所有电动工具的电源线、插头、开关均应完好，不合格不得使用，电源箱应认真落实三相五线制，现场所有用电设备除保护接零外，还必须在设备负荷线路首端处设置漏电保护装置。

（2）现场用电必须实行"一机一闸一保"制，严禁一个开关控制两台以上用电设备。手动开关只许用于直接照明电路和容量不大于5.5kW的动力电路。容量大于5.5kW的动力电路应采用自动开关电器或降压启动装置控制。

（3）施工人员必须熟悉施工机具的构造、性能、操作方法及安全技术要求。

（4）使用电钻、电锤在楼板及墙壁上开孔时，楼板下及墙壁背面相对位置不得有人。

12. 焊接作业时对安全用电有哪些要求？

（1）焊工必须穿绝缘鞋、戴皮手套。

（2）焊工在拉、合开关或接触带电物体时，必须单手进行。

（3）绝对禁止在电焊机运行情况下接地线和手把线。

（4）二次线的绝缘保护层烧损要及时更换。

（5）容器内部焊接时，照明应采用12V安全电压，采用必要的通风措施。

13. 装置内爆炸、自然灾害或邻近装置有毒气体发生泄漏事故时如何逃生？

（1）在施工现场发生火灾、爆炸等事故，现场施工人员立即停止作业，启动应急预案同时监护人员组织现场人员进行快速处理，同时拨打厂内火警电话。火势大自己不能扑灭，立即拨打火警电话 119。出现人员伤害事故，立即拨打急救电话 120。

（2）在施工现场发生紧急情况时，作业人员应注意观察风向，先侧风后逆风，根据风向选择逃生路线。

14. 发现有人触电后应如何处理？

应立即切断电源。如低压不能切断时，应用干燥不导电物体将触电者脱离电源。如为高压，则必须切断电源。对触电者可采用人工呼吸法和胸外心脏按压法进行急救。

15. 使用撬杠为什么不能用力过猛或用脚踩？

在吊装作业或搬运重物时，为了把物体抬高或放低，经常用撬的方法。撬就是用撬杠或撬棍把物体撬起来，如果用力过猛或用脚踩就容易造成撬杠脱落或折断，造成安全事故，所以使用撬杠不能用力过猛或用脚踩。

16. 警戒绳与作业点的最小距离是多少？

施工现场所有坑、井、预留洞口、沟、壕等必须采取可靠措施加以防护。采用警戒绳防护时，警戒绳距作业点距离必须大于或等于 5m。

17. 进入受限空间作业的照明安全电压是多少？

进入受限空间作业的照明应使用安全电压，电线绝缘良好。在特别潮湿场所和进入受限空间作业，照明电压应为 12V 以下。

18. 在高浓度毒性气体和窒息性气体场所作业应使用何种防护用具？

在高浓度毒性气体作业场所和窒息性气体场所作业，应使用正压式空气呼吸器。

19. 什么是高处作业？

高处作业是指坠落高度大于等于 2m、有坠落可能的位置进行的作业。

20. 高处作业的平台、走道有何规定？

高处作业的平台、走道、斜道等应装设 1.2m 高的防护栏杆和 18cm 高的挡脚板或设防护立网。

21. 高处作业时施工材料如何进行运输？

高处作业时，施工材料的运输应采取滑轮加绳索的方法传输施工材料，应对材料进行两处以上的捆绑且绳扣固定牢靠，绳结亦在两个以上。

22. 高处作业时施工工具如何传递？

高处作业所用工具，必须放在工具袋或工具箱内，不得随意乱放，不得上下投掷，须用绳索或机械吊运传递，严禁抛接工具。

23. 高处作业时要注意哪些事项？

(1)高处作业必须使用安全带，安全带要高挂低用，尽量避免低于腰部的水平系挂方法。

(2)高处作业不宜穿硬底易滑的鞋，不要站在不坚固的结构上进行操作。

(3)高处作业时，必须注意高空电线，不得在接近电线 2m 以内作业。

(4)尽量避免上下垂直交叉作业，不可避免时，上下层中间要设置隔离措施。

24. 手持电动工具安全注意事项有哪些？

(1)必须选用具有"中国电工产品安全认证""产品合格证"标

识的电动工具。

(2)电动工具应定期检查其安全性能,检查周期为 1 个月。

(3)手持电动工具的带电部分与可触及的工具金属外壳之间绝缘电阻(用 500V 绝缘电阻测试仪测量)必须满足以下指标:Ⅰ类工具≥2MΩ、Ⅱ类工具≥7MΩ、Ⅲ类工具≥1MΩ。

(4)手持式电动工具必须采取橡皮护套铜芯软电缆,不得有接头。

(5)使用电动工具时,操作人员施加的压力不得超过工具所允许限度。

(6)使用时,严禁人体与旋转部位接触。

(7)电气设备保持良好接地,电源开关使用漏电保护。

25. 电动机具的日常检查维护包括哪些内容?

(1)外壳、手柄是否有裂缝或损坏。

(2)保护接地或接零线连接是否正确,牢固可靠。

(3)电线、插头是否完好无损。

(4)开关动作是否正常、灵活,有无缺陷、破裂。

(5)电气保护、机械防护装置是否良好。

(6)工具转动部分是否灵活无障碍。

26. 使用台钻时应注意哪些安全事项?

(1)台钻要保持良好接地,电源开关应有漏电保护装置。

(2)操作人员严禁戴手套操作,以免被旋转部分铰住,造成事故。

(3)钻孔时严禁用手把持工件进行加工。

(4)钻孔时严禁在工作状态下装卸工件,利用平口钳夹持工件钻孔时,要扶稳平口钳,防止其掉落砸脚,钻小孔时,压力相应要小,以防钻头折断飞出伤人。

(5)钻孔时不可用手直接拉铁屑,清除铁屑要用毛刷、铁钩等工具,严禁用纱布、棉纱类清除铁屑亦不允许用口吹或者手直接清理。操作人员头部不能与台钻旋转部分靠得太近,严禁用手把握未停稳的钻头或钻夹头。

27. 使用砂轮机时应注意哪些安全事项?

(1)砂轮机必须进行定期检查,砂轮片应无裂纹及其他不良情况。

(2)砂轮机必须装有用钢板制成的防护罩,防护罩至少要把砂轮片的上半部罩住,其强度应保证当砂轮片碎裂时挡住碎块。

(3)使用砂轮机研磨时,操作人员应戴防护面具。

28. 使用电动套丝机时应注意哪些安全事项?

(1)套丝机要保持良好接地,电源开关应有漏电保护装置。

(2)必须保证滑架处于前导柱红线的右方才可进行套丝。若在红线左方开始套丝,就会造成板牙头与前卡盘相撞,损坏机器。

(3)套丝工件长度不得小于10cm。工件长度较大时,需加装辅助托架,以免工件甩弯伤人;加工过程中严禁手扶套丝工件。

29. 使用切割机时应注意哪些安全事项?

(1)切割机要保持良好接地,电源线路必须安全可靠,电源开关应有漏电保护装置。

(2)加工的工件必须夹持牢靠,严禁工件装夹不紧就开始切割。

(3)严禁在切割片上打磨工件,防止切割片碎裂。切割时操作者必须偏离切割片正面,并戴好防护面罩。

(4)切割时应防止火星四溅,可设置防火星飞溅的挡板并远离易燃易爆物品。

（5）严禁使用已有残缺的切割片，中途更换新切割片时，锁紧螺母安装不能过紧，防止切割片崩裂而发生意外。

（6）不得切锯未夹紧的小工件或带棱边严重的型材。不得进行强力切锯操作，在切割前要待电机转速达到全速方可进行。

（7）切割片未停止运转时操作人员不得松开手臂。设备出现抖动及其他故障时，应立即停机并切断电源进行修理。

（8）在潮湿地方使用切割机时，操作人员必须站在绝缘垫或干燥的木板上进行作业。登高或在防爆等危险区域内使用必须做好安全防护措施。

30. 使用电动液压煨管器时应注意哪些安全事项？

（1）机器要保持良好接地，电源线路必须安全可靠，电源开关应有漏电保护装置。

（2）更换或装配管子前，要将液压推杆回缩到位，模具和管壁要匹配并装配牢固，移动管子和模具时谨防挤伤手指。

31. 使用电缆敷设机、牵引机时应注意哪些安全事项？

（1）操作人员必须经过安全技术培训，熟悉和掌握其结构、性能和操作规程，认真阅读操作手册。

（2）启动前先进行试运转，调试合格后方能投用。必须有专人掌握操作和紧急停机方法。

（3）电缆敷设机必须固定牢靠，敷设过程中采用对讲机随时沟通联系，动作一致，相互配合。

（4）严禁在带电情况下将电源插头插入或拔出，以免发生危险。

（5）应计算牵引式电缆敷设机的最大牵引力，注意符合牵引绳的安全性能要求。

（6）牵引绳和人体之间必须有隔离防护措施，以防钢丝绳崩断伤人。